塔式起重机基础工程
设计施工手册

严尊湘 编著

中国建筑工业出版社

图书在版编目（CIP）数据

塔式起重机基础工程设计施工手册/严尊湘编著.
—北京：中国建筑工业出版社，2011
ISBN 978-7-112-13053-5

Ⅰ.①塔… Ⅱ.①严… Ⅲ.①塔式起重机—技术手册
Ⅳ.①TH213.3-62

中国版本图书馆 CIP 数据核字（2011）第 043606 号

塔式起重机基础工程设计施工手册

严尊湘　编著

*

中国建筑工业出版社出版、发行（北京西郊百万庄）
各地新华书店、建筑书店经销
北京永峥排版公司制版
北京蓝海印刷有限公司印刷

*

开本：850×1168 毫米　1/32　印张：7⅞ 字数：210 千字
2011 年 7 月第一版　2011 年 7 月第一次印刷
定价：**28.00** 元
ISBN 978-7-112-13053-5
（20429）

版权所有　翻印必究
如有印装质量问题，可寄本社退换
（邮政编码 100037）

本书介绍了确定塔式起重机基础位置时的方法和注意事项；介绍了塔式起重机板式基础、十字形基础、梁板式基础、桩基础、组合式基础的设计计算方法，并在各章中列举了必要的例题。为了提高塔式起重机基础的设计计算速度、避免计算过程中的重复劳动、减轻设计人员的工作强度、方便快捷地打印出设计计算书文本，本书还介绍了计算机应用方面的基本知识和各种设计计算书样本，供设计人员在编制计算程序和撰写设计计算书时参考。书末提供了必要的附录，供设计计算时查阅各种数据、系数等。

本书供工程项目管理人员、工程技术人员、工长、塔式起重机管理人员、塔式起重机制造企业技术人员、建设工程监理人员、特种设备检验人员学习、使用。

* * *

责任编辑：余永祯
责任设计：张　虹
责任校对：王雪竹　马　赛

前　言

中华人民共和国住房和城乡建设部发布的《建筑施工塔式起重机安装、使用、拆卸安全技术规程》JGJ 196—2010 和《塔式起重机混凝土基础工程技术规程》JGJ/T 187—2009 两个行业标准已于 2010 年 7 月 1 日实施。这两个行业标准对塔式起重机基础安全性的要求比《塔式起重机设计规范》GB/T 13752—1992 中的要求有所提高，其抗倾覆稳定性由 $e \leqslant b/3$ 提高到 $e \leqslant b/4$。

随着我国建筑施工技术的发展，高层建筑增多、地下空间充分利用，选择塔式起重机安装位置的难度也越来越大，各施工现场的地基情况也存在很大差异，塔式起重机基础形式呈现多样性，制造商在塔式起重机使用说明书中提供的基础图已不能适应千变万化的工程特点和现场环境。因此，在安装塔式起重机前，用户应对塔式起重机的安装位置、基础形式和尺寸、钢筋配置等项内容进行筹划和设计，编制塔式起重机基础方案，以保证安全、消除事故隐患。

塔式起重机基础位置的选择和设计涉及机械和土建两个专业的知识，是设备管理人员与工程项目管理人员工作分工的接口。目前塔式起重机用户的普遍现状是，工程项目管理人员不熟悉塔式起重机性能，设备管理人员不熟悉土建知识。设备管理人员把塔机使用说明书中的基础图复印后交给项目管理人员，项目管理人员确定基础位置并按该基础图施工。由于专业知识的局限性，因基础原因引发的塔式起重机安全隐患或事故时有发生。

作者编写本书的目的是使工程项目管理人员、塔式起重机

管理人员、塔式起重机制造企业技术人员、建设工程监理人员、特种设备检验人员熟悉相关的国家标准和行业标准，掌握塔式起重机位置选择和基础设计方法。

本书内容由11章组成。第1章概述，讲述塔式起重机的基本知识、基础方案的重要性、必要性及编制方法；第2章基础定位，讲述施工现场塔式起重机基础位置的选择方法和注意事项；第3章作用于基础顶面荷载数据的计算，讲述各种荷载数据的计算方法；第4章地基，讲述地基土基本知识、岩土工程勘察报告查阅方法、修正后地基承载力特征值的计算、软弱地基的处理；第5章板式基础的设计计算；第6章十字形基础的设计计算；第7章梁板式基础的设计计算；第8章桩基础的设计计算；第9章组合式基础的设计计算；第10章基础施工及质量验收；第11章计算机应用及设计计算书样本，介绍了编制基础设计计算程序的方法和技巧，并提供了各种形式基础的设计计算书样本，供读者在编制计算程序和撰写设计计算书时参考。在设计塔式起重机基础时，读者可根据自己所采用的基础形式，参照第5～9章中介绍的方法和例题进行设计计算。

本书附录1提供了部分型号的塔式起重机主要技术参数，供选用塔式起重机和确定基础位置、基础设计时采用；附录2提供了风荷载计算参数，供计算风荷载时采用；附录3提供了钢筋和混凝土设计参数，供设计计算混凝土基础时采用；附录4提供了桩基础设计参数，供设计桩基础或组合式基础时采用；附录5提供了钢结构设计参数，供设计组合式基础时采用。

本书编写过程中，江苏省建筑安全与设备管理协会、镇江市建设工程安全监督站、徐州建机工程机械有限公司、泰州市腾达建筑工程机械有限公司、常州江南建筑机械有限公司、江苏正兴建设机械有限公司、上海宝达工程机械有限公司、镇江第二建筑工程有限公司及邓学才、陆志远、李健、曹俊、应明、侯义东、彭龙喜、吴国华、钱晓望、仲高平、徐志祥、孙苏、李青萍等同志提供了支持和帮助，作者在此表示感谢。

由于作者水平有限，书中内容难免存在缺陷和错误，敬请读者予以指正。电子邮箱地址：yanzunxiang@yahoo.com.cn。

严尊湘　2010年12月20日于江苏镇江

目 录

1 概述 ·· 1
　1.1 塔式起重机的类型 ···························· 1
　1.2 自升式塔机的构造 ···························· 6
　1.3 塔式起重机主要技术参数 ···················· 10
　1.4 自升式塔机安装拆卸方法 ···················· 15
　1.5 基础方案的重要性与必要性 ················· 19
　1.6 基础方案的编制与实施 ······················ 23
2 基础定位 ··· 25
　2.1 基础平面定位 ································· 25
　2.2 基础埋置深度的定位 ························ 36
3 作用于基础顶面荷载数据的计算 ·············· 39
　3.1 水平荷载数据的计算 ························ 40
　3.2 竖向荷载数据的计算 ························ 42
　3.3 力矩荷载数据的计算 ························ 43
　3.4 扭矩荷载数据的计算 ························ 43
　3.5 计算例题 ······································ 44
4 地基 ··· 47
　4.1 地基土基本知识 ······························ 47
　4.2 查阅《岩土工程勘察报告》 ················ 50
　4.3 持力层和下卧层修正后地基承载力特征值的计算 ··· 51
　4.4 换填垫层法处理软弱地基 ··················· 53
　4.5 计算例题 ······································ 58
5 板式基础的设计计算 ··························· 61
　5.1 构造要求 ······································ 61

5.2　抗倾覆稳定性 …………………………………… 62
　5.3　持力层地基承载力 ………………………………… 63
　5.4　下卧层地基承载力 ………………………………… 65
　5.5　正截面受弯承载力计算 …………………………… 66
　5.6　受冲切承载力计算 ………………………………… 68
　5.7　计算例题 …………………………………………… 70
6　十字形基础的设计计算 …………………………………… 78
　6.1　构造要求 …………………………………………… 78
　6.2　抗倾覆稳定性 ……………………………………… 79
　6.3　持力层地基承载力 ………………………………… 80
　6.4　下卧层地基承载力 ………………………………… 81
　6.5　正截面受弯承载力计算 …………………………… 81
　6.6　斜截面承载力计算 ………………………………… 83
　6.7　计算例题 …………………………………………… 84
7　梁板式基础的设计计算 …………………………………… 89
　7.1　构造要求 …………………………………………… 89
　7.2　抗倾覆稳定性 ……………………………………… 91
　7.3　持力层地基承载力 ………………………………… 92
　7.4　下卧层地基承载力 ………………………………… 92
　7.5　正截面受弯承载力计算 …………………………… 93
　7.6　底板冲切承载力计算 ……………………………… 95
　7.7　计算例题 …………………………………………… 96
8　桩基础的设计计算 ………………………………………… 102
　8.1　一般规定 …………………………………………… 102
　8.2　构造要求 …………………………………………… 103
　8.3　桩基计算 …………………………………………… 104
　8.4　承台计算 …………………………………………… 107
　8.5　计算例题 …………………………………………… 112
9　组合式基础的设计计算 …………………………………… 124
　9.1　结构形式及施工顺序 ……………………………… 124

9.2 一般规定 …………………………………………… 126
9.3 构造要求 …………………………………………… 126
9.4 钢架的计算 ………………………………………… 127
9.5 计算例题 …………………………………………… 131

10 基础施工及质量验收 …………………………………… 144
　10.1 基础施工 …………………………………………… 144
　10.2 地基土检查验收 …………………………………… 146
　10.3 基础检查验收 ……………………………………… 146
　10.4 桩基检查验收 ……………………………………… 147
　10.5 格构式钢架检查验收 ……………………………… 148

11 计算机应用及设计计算书样本 ………………………… 149
　11.1 Excel 软件基本知识及使用技巧 ………………… 149
　11.2 设计计算书样本 …………………………………… 155

附录 1　与基础定位、设计有关的塔机技术参数 ………… 191
附录 2　风荷载计算参数 …………………………………… 205
附录 3　钢筋和混凝土设计参数 …………………………… 214
附录 4　桩基础设计参数 …………………………………… 218
附录 5　钢结构设计指标及轴心受压构件稳定系数 ……… 228
参考文献 ……………………………………………………… 238

1 概 述

在选用塔式起重机、确定安装位置和设计基础时,设计人员对塔式起重机的型号、技术参数、安装拆卸方法应有所了解,这对于非专业从事塔式起重机管理工作的人员尤为重要。本章将介绍这方面的基本知识。

1.1 塔式起重机的类型

1. 塔式起重机的用途和发展

塔式起重机简称塔机,亦称塔吊,起源于西欧。塔机主要用于房屋建筑施工中物料的垂直和水平输送及建筑构配件的安装。国家标准《塔式起重机》GB/T 5031—2008规定以吊载(t)和幅度(m)的乘积(t·m)为塔机起重能力的计量单位。

我国的塔机行业于20世纪50年代开始起步,从20世纪80年代,随着高层建筑的增多,塔机的使用越来越普遍;进入21世纪,塔机制造业进入一个迅速的发展时期,自升式、水平臂小车变幅式塔机得到了广泛的应用。

2. 塔式起重机的型号意义

根据国家建筑机械与设备产品型号编制方法的规定,塔机的型号标识有明确的规定。如QTZ80C表示如下含义:

Q——起重,汉语拼音的第一个字母;

T——塔式,汉语拼音的第一个字母;

Z——自升,汉语拼音的第一个字母;

80——最大起重力矩(t·m);

C——更新、变型代号。

其中，更新、变型代号用英文字母表示；主参数代号用阿拉伯数字表示，它等于塔机额定起重力矩（单位为 t·m）；组、型、特性代号含义如下：

QT——上回转塔式起重机；
QTZ——上回转自升式塔式起重机；
QTA——下回转塔式起重机；
QTK——快装塔式起重机；
QTQ——汽车塔式起重机；
QTL——轮胎塔式起重机；
QTU——履带塔式起重机；
QTH——组合塔式起重机；
QTP——内爬升式塔式起重机；
QTG——固定式塔式起重机。

目前许多塔机制造企业采用国外的标记方式进行编号，即用塔机最大幅度（m）处所能吊起的额定重量（kN）两个主参数标记塔机的型号。如 TC5013A，其意义：

T——塔的英语单词第一个字母（Tower）；
C——起重机的英语单词第一个字母（Crane）；
50——最大工作幅度 50m；
13——最大工作幅度处的额定起重量 13 kN（≈1300kg）；
A——设计序号。

另外，也有个别塔机制造企业根据企业标准编制型号。如 JL5515，其意义：

JL——江麓建筑机械有限公司生产的江麓系列塔式起重机；
55——最大工作幅度 55m；
15——最大工作幅度处的额定起重量 15 kN（≈1500kg）。

3. 塔式起重机的分类

塔机属于全回转臂架型起重机，其最明显的特征是具有一个直立的塔身，并在塔身顶部装有可回转可变幅的起重臂。根据使用功能和结构形式的不同，塔机有多种分类方法，从其主体结构与外形特征考虑，基本上可按架设方式、变幅方式、臂架结构形式、回转部位和行走方式区分。

(1) 按架设方式分类

按架设方式分为快装式塔机和非快装式塔机。

(2) 按变幅方式分类

按变幅方式分为小车变幅式塔机和动臂变幅式塔机。

小车变幅式塔机是靠变幅小车在水平起重臂轨道上行走实现变幅的，如图1-1（a）所示。其优点是变幅范围大，变幅小车可驶近塔身，能带负荷变幅。

动臂变幅式塔机是靠起重臂仰俯来实现变幅的，如图1-1（b）所示。其优点是：能充分发挥起重臂的高度，缺点是最小幅度被限制在最大幅度的30%左右，不能完全靠近塔身。

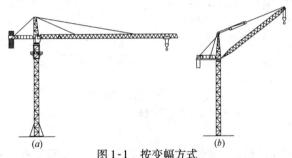

图1-1 按变幅方式
（a）小车变幅式；（b）动臂变幅式

(3) 按臂架结构形式分类

1) 小车变幅式塔机按臂架结构形式分为定长臂小车变幅式塔机、伸缩臂小车变幅式塔机和折臂小车变幅式塔机。定长臂小车变幅式塔机如图1-2（a）所示，折臂小车变幅式塔机如图1-2（b）所示。

2) 按臂架支承形式小车变幅式塔机又可分为平头式塔机和非平头式塔机。平头式塔机如图1-3（a）所示，非平头式塔机如图1-3（b）所示。

平头式塔机最大特点是无塔帽和臂架拉杆。此种设计形式

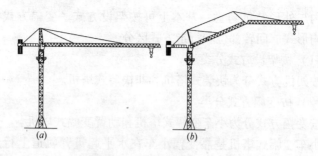

图1-2　按臂架结构形式
(a) 定长臂小车变幅；(b) 折臂小车变幅

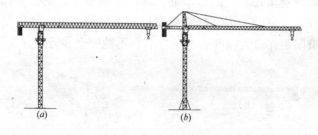

图1-3　按臂架支承形式
(a) 平头式小车变幅；(b) 非平头式小车变幅

减少了相邻塔机在工作高度上的相互制约，方便了空中拆臂操作，避免了空中安装、拆卸拉杆的复杂性和危险性。

3）动臂变幅式塔机按臂架结构形式分为定长臂动臂变幅式塔机与铰接臂动臂变幅式塔机。

(4) 按回转部位分类

按回转部位分为上回转塔机和下回转塔机。上回转塔机如图1-4 (a) 所示，下回转塔机如图1-4 (b) 所示。

上回转塔机将回转总成、平衡重、工作机构均设置在塔机上部，工作时只有起重臂、塔帽、平衡臂一起转动，其优点是能够附着，塔机可达到较高的工作高度。由于塔身不转，可简化塔身下部结构，顶升加节方便。

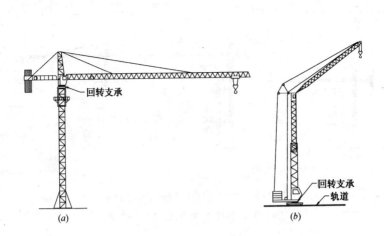

图 1-4 按回转部位
（a）上回转；（b）下回转

下回转塔机将回转总成、平衡重、起升机构等均设置在塔身下部的回转平台上，其优点是：塔身所受弯矩减少，重心低，稳定性好，安装维修方便，缺点是对回转支承要求较高，使用高度受到限制，司机室一般设置在回转平台上，操作视线不开阔。

（5）按行走方式分类

按有无行走机构，塔机可分为固定式、轨道行走式。轨道行走式塔机如图 1-4（b）所示。

固定基础自升式塔机按其与建筑物的连接方式可分为独立式、附着式和内爬式三种工作状态。

图 1-5（a）是独立式工作状态，塔机与建筑物之间没有连接，依靠塔机基础保持自身稳定。

图 1-5（b）是附着式工作状态，塔机安装在建筑物外围，当塔机高度未超过使用说明书中规定的最大独立高度时，塔机处于独立式工作状态；当塔机高度不能满足施工需要时，用附着装置将塔机的塔身与建筑物连接，通过液压顶升增加塔身标准节数量，使塔机升高。此时塔机为附着式工作状态。

图 1-5（c）是内爬式工作状态，塔机安装在建筑物内部的

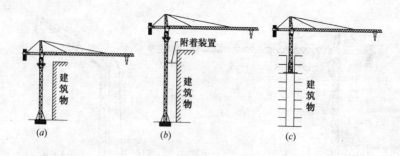

图 1-5 按塔机与建筑物的连接方式
(a) 独立式；(b) 附着式；(c) 内爬式

电梯井或者某一开间内，最初也是独立式工作状态；当建筑物达到一定高度后，随着楼层的增加，塔机依靠自身的液压顶升装置在建筑物内同步升高，塔机荷载作用在建筑结构上，工程主体结构施工结束，塔机升至屋面，拆除难度较大。

1.2 自升式塔机的构造

根据以上分类，我国目前最广泛使用的是自升式塔机，这种塔机采用水平臂小车变幅方式，上回转结构，塔机底座安装在固定的钢筋混凝土基础上。

自升式塔机由钢筋混凝土基础、金属结构、工作机构及电气系统组成。

1. 塔机基础

塔机基础通常为现浇混凝土结构，常见的基础形式有板式基础、十字形基础、梁板式基础、桩基础、组合式基础，如图1-6所示。塔机基础由使用单位在施工现场制作，塔机拆除后该基础即报废。

2. 工作机构及电气系统

工作机构由起升机构、变幅机构、回转机构和液压顶升机构组成，分别实现吊物的提升、变幅、回转动作和塔机的升、

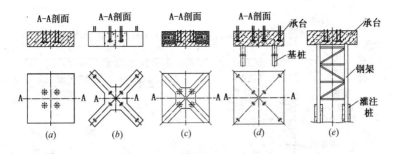

图 1-6 几种常见的基础形式
（a）板式基础；（b）十字形基础；（c）梁板式基础；
（d）桩基础（e）组合式基础

降节工作。

电气系统为各工作机构提供电力并进行控制，使其安全、有序运行。

3. 金属结构

塔机的金属结构件主要由底座、塔身、回转平台、回转过渡节、塔顶、起重臂、平衡臂、拉杆、司机室、顶升套架、附着装置等部分组成，如图1-7所示。

（1）底座：底座安装于塔机基础顶面，是塔机最底部的结构，基础地脚螺栓将其与基础连接为一体。常见的底座形式如图1-8所示，有十字梁形、独立底座形、井字形等。

（2）塔身：塔身由基础节和若干标准节组成，节间用高强螺栓连接。有些塔机没有基础节，标准节直接安装在底座上。标准节有两种形式，一种是整体式；另一种是片式，安装时用高强螺栓连接成整体。整体式标准节安装、拆卸方便快捷，在搬运、堆放过程中不易产生变形，但运输、存放时要占用较多的空间；片式标准节方便运输和存放，但安装、拆卸速度慢，搬运过程中易产生变形。

（3）回转平台：回转平台由下支座、回转支承、上支座组成。下支座与回转支承的外圈连接，上支座与回转支承的内圈

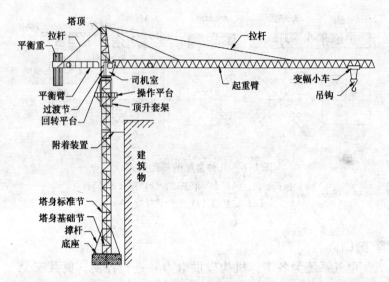

图1-7 自升式塔机结构件名称、位置示意

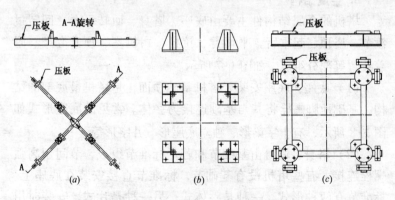

图1-8 几种常见的塔机底座形式
(a) 十字梁形底座；(b) 独立底座；(c) 井字形底座

连接，连接螺栓均为高强螺栓。上支座上安装有回转机构，驱动上支座及以上结构部分随着回转支承的内圈转动。

(4) 回转过渡节：回转过渡节安装在上支座的上面，用高强螺栓连接，塔顶、起重臂、平衡臂均安装在回转过渡节上。

有些厂家的塔机没有独立的回转过渡节，将其与上支座做成一体。

（5）塔顶：塔顶是悬挂平衡臂拉杆和起重臂拉杆的结构件。有两种结构形式，一种是塔帽式的，安装于回转过渡节的顶部，通常用销轴与回转过渡节刚性连接；另一种是桅杆式的，安装在过渡节上或起重臂的根部，铰接连接。

（6）起重臂：起重臂安装于回转过渡节的前面，其根部用销轴与回转过渡节铰接。起重臂通常为三角形截面，两根下弦杆是变幅小车运行的轨道。起重臂上安装有变幅机构，通过收、放卷筒上的变幅钢丝绳，使变幅小车向前或向后运行。

（7）平衡臂：平衡臂安装于回转过渡节的后面。平衡臂与回转过渡节有两种连接方式：塔顶是塔帽式的，用2根销轴将其与回转过渡节铰接；塔顶是桅杆式的，用4根销轴将其与回转过渡节刚性连接。平衡臂两侧设有走道和栏杆，塔机的起升机构、平衡重安装在平衡臂上。

（8）拉杆：拉杆的作用是把起重臂、平衡臂的一端斜拉在塔顶上，分为起重臂拉杆和平衡臂拉杆。起重臂拉杆与起重臂的上弦杆用销轴连接，通常设置有前、后两根；2根平衡臂拉杆并列排列，分别拉在平衡臂两侧的弦杆上。拉杆通常用圆钢或条状钢板制成，为了方便安装和运输，拉杆分成若干段，段间用销轴连接。

（9）司机室：是塔机司机的工作场所，通常安装在回转过渡节右侧上支座的操作平台上。司机室内设置有座椅和操纵台，操纵台分左、右两个，分别控制塔机的回转、变幅机构和起升机构。

（10）顶升套架：顶升套架位于塔身上部，用销轴或螺栓与下支座连接。顶升套架上安装有液压油缸，液压油缸的活塞杆通过顶升横梁支撑在塔身标准节上，液压油缸悬挂在顶升套架上。塔机升高的工作原理是：液压油推动活塞杆伸出时，顶升套架将塔机上部结构顶起，液压油缸循环工作两次，在下支座和塔身顶部之间形成可以容纳一个标准节的空间，向这空间内填入标准节，用高强螺栓与下面的塔身连接，重复上述动作，实现塔机升高作业目的。升、降作业结束，必须将塔身顶部与下支座之间用高强螺栓连接。

顶升套架有外套架和内套架之分。外套架适用于整体式标准节的塔机，液压油缸位于顶升套架的后侧，塔机升、降节作业时，起重臂必须指向套架开口的正前方，否则将发生重大事故；内套架适用于片式标准节的塔机，液压油缸位于顶升套架中心，顶升加节时起重臂的指向不受限制。

（11）附着装置：由附着框、撑杆和附墙座组成，其作用是减小塔身的计算长度，将作用于塔身的弯矩、水平力和扭矩传递到建筑物上，增强塔身的抗弯、抗扭能力。常见的撑杆布置方式有3杆方式和4杆方式，如图1-9所示。

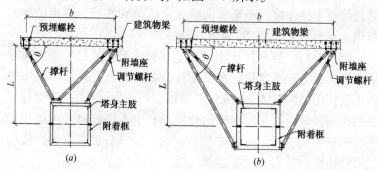

图1-9 附着装置
(a) 3杆附着方式；(b) 4杆附着方式

1.3 塔式起重机主要技术参数

塔机的技术参数是用来说明塔机工作参数和规格的一些数据，是选择使用塔机的主要依据，可以从塔机使用说明书中查阅。本书附录A提供了部分塔机产品的技术参数，供读者在选用塔机或确定塔机基础位置时参考。塔机技术参数表达的含义读者可结合图1-10阅读理解。

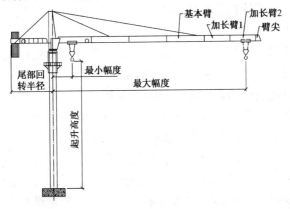

图1-10 塔机主要技术参数示意

1. 幅度

空载时，塔式起重机回转中心线至吊钩中心垂线的水平距离为幅度。

最大工作幅度是指吊钩位于距离塔身最远工作位置时，塔机回转中心线至吊钩中心垂线的水平距离。同样型号不同厂家制造的塔机，其最大工作幅度不一定相同。有些厂家制造的塔机，起重臂可以组合成几种长度尺寸，图1-10中的塔机如果仅安装基本臂时，其最大工作幅度是40m；增加1节加长臂，其最大工作幅度是45m；增加2节加长臂，其最大工作幅度是50m。也有些厂家制造的塔机，起重臂只有一种组合长度。塔机的起重臂并非愈长愈好，有时为了避让外电线路、障碍物、相邻塔机需要选择较短的起重臂组合。较短的起重臂组合可以提高最大工作幅度处的额定起重量，提高生产效率。因此确定塔机基础位置时，应根据制造商提供的塔机使用说明书，选择适合的起重臂长度组合。

有些人员习惯把最大工作幅度说成"臂长"，这种说法是不准确的，因为从吊钩最远工作位置至臂尖端部还有一段距离，这段距离通常在1.0~2.0m。考虑避让外电线路、障碍物或相邻塔机时，应计算这段尺寸。

2. 起升高度

空载时，塔身处于最大高度，吊钩处于最小幅度处，吊钩支承面对塔式起重机基准面的允许最大垂直距离为起升高度。

固定式塔机的基准面是指塔机基础的顶面。同样型号不同厂家制造的塔机起升高度不尽相同。塔机使用说明书中向用户提供最大独立状态起升高度和最大附着状态起升高度两个数据。选用塔机时，塔机最终安装后的起升高度不得超过最大附着状态起升高度。当塔机最终安装后的起升高度超过最大独立状态起升高度时，塔机必须安装成附着式状态。确定塔机基础位置时，需同时考虑塔机附着装置的安装位置，避免日后出现无法安装附着装置的尴尬局面。

土建施工人员习惯以建筑物±0.0以上的高度来判断塔机的起升高度是否满足施工需要，忽视基础顶面至建筑物±0.0之间的高差尺寸，和提升吊物所必需的工作空间尺寸。例如，某建筑物从±0.0至屋面的高度是25m，基础顶面低于建筑物±0.0下3.2m，吊物提升的工作空间尺寸至少需要6m，也就是塔机的起升高度至少要达到34.2m才能满足施工需要，某QTZ40塔机独立状态的最大起升高度是31.5m，因此这台塔机必须安装成附着式工作状态才能满足施工需要。

3. 额定起重量

塔式起重机在各种工作幅度下允许吊起的最大起重量为额定起重量，它包括取物装置（如吊索、料斗、砖笼等）的重量，但不包括吊钩的重量。

不同幅度处的额定起重量是不同的，幅度愈大起重量愈小。用户应根据塔机使用说明书中的起重性能表或起重性能曲线图正确使用塔机，禁止超载使用。

QTZ40及以上的塔机，起升钢丝绳可以穿绕成4倍率或2倍率状态,如图1-11所示。由4根钢丝绳挂住吊钩的是4倍率工作状态($a=4$),由2根钢丝绳挂住吊钩的是2倍率工作状态($a=2$)。4倍率状态时的最大起重量是2倍率状态时的2倍,但提升速度是2倍率状态时的1/2。

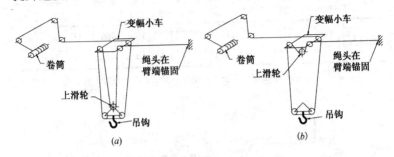

图1-11 起升钢丝绳穿绕方法示意
(a) 4倍率工作状态;(b) 2倍率工作状态

表1-1是1台QTZ40塔机的起重性能表,图1-12是这台塔机的起重性能特性曲线图,上面一条曲线是4倍率工作状态时的起重特性,在11.44m的工作幅度范围内,最大起重量是4000kg;下面一条曲线是2倍率工作状态时的起重特性,在21.0m的工作幅度范围内,最大起重量是2000kg。最大工作幅度40m处的额定起重量分别是870kg、911kg。

起重性能表与起重性能特性曲线图的作用相同,反映了起重量与工作幅度之间的函数关系。表中反映的数据更为精确,图中的曲线看起来更为直观。

1台QTZ40塔机的起重性能表 表1-1

R (m)		1.7~11.44	12	13	14	15	16	17	18	19	20
Q (kg)	$a=4$	4000	3789	3458	3176	2933	2722	2536	2372	2226	2095
	$a=2$	2000	2000	2000	2000	2000	2000	2000	2000	2000	2000

续表

R (m)		21	22	23	24	25	26	27	28	29	30
Q (kg)	$a=4$	1976	1869	1771	1682	1600	1524	1455	1390	1330	1274
	$a=2$	2000	1910	1812	1723	1641	1565	1496	1431	1371	1315
R (m)		31	32	33	34	35	36	37	38	39	40
Q (kg)	$a=4$	1221	1172	1126	1083	1042	1004	968	933	901	870
	$a=2$	1262	1213	1167	1124	1083	1045	1009	974	942	911

注：表中 R 表示工作幅度；Q 表示额定起重量；a 表示起升钢丝绳穿绕的倍率。

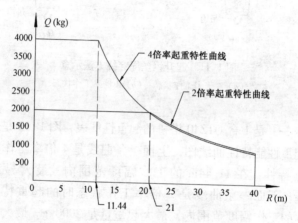

图 1-12　1 台 QTZ40 塔机起重特性曲线

4. 起重力矩

幅度与额定起重量的乘积为起重力矩，计量单位是 t·m。曾经有些厂家制造的塔机以 kN·m 作为计量单位，1t·m ≈ 10kN·m。

5. 塔机重量

塔机重量包括塔机的自重、平衡重和压重的重量。

6. 尾部回转半径

塔式起重机回转中心线至平衡臂端部的最大距离为尾部回转半径。

为保证塔机拆卸时能正常降节,确定塔机基础位置时,需要注意这一参数。

7. 轮廓尺寸

确定塔机基础位置时,需注意塔机外形轮廓的一些相关尺寸,如顶升套架操作平台的宽度、回转中心线至司机室外边缘的尺寸、平衡臂宽度、起重臂宽度、回转中心线至起重臂端部的尺寸等。大部分厂家的塔机使用说明书中未提供这些尺寸,给用户带来不便,用户可实量这些尺寸或按本书附录 A 中相应型号塔机的轮廓尺寸参考使用。

1.4 自升式塔机安装拆卸方法

确定基础位置不仅需要依据塔机的主要技术参数,还应对安装、拆卸方法有所了解,避免因基础定位不当出现难以拆除塔机的局面。

1. 塔机组装

塔机组装是指利用辅助起重设备对自升式塔机进行的组装工作。辅助起重设备通常选用汽车式起重机,起重能力应结合安装现场的环境,根据塔机部件的重量、起吊高度、工作幅度选择。组装步骤应严格执行塔机使用说明书中的规定,把组装过程中的不平衡力矩限制在一定的范围内。遇到不能按说明书中规定的步骤安装塔机时,应进行计算和科学认证,避免发生事故。

自升式塔机的组装工作通常按以下步骤实施:

(1)安装底座。水平度误差控制在2‰范围内,拧紧地脚螺栓的螺母,每根螺栓配置2只螺母,螺栓顶部伸出螺母顶面2~3个螺距。

(2)安装顶升套架。顶升套架内含基础节、标准节,是重量最重的部件,安装前应校核起重设备的能力。拧紧基础节与底座之间的连接螺栓。

（3）安装回转平台。如果起重设备的能力许可，可把这项工作与前项工作合并进行。拧紧下支座与标准节之间的连接螺栓，安装好下支座与顶升套架之间的连接销轴（或螺栓）。

（4）安装塔顶。注意塔顶与回转过渡节之间的连接方向，安装好塔顶与回转过渡节之间的连接销轴（或螺栓）。

（5）安装平衡臂。安装好平衡臂与回转过渡节之间的连接销轴，安装好拉杆销轴。

（6）安装部分平衡重。平衡重的数量和摆放位置必须严格按说明书中的规定执行，否则可能因不平衡力矩超限而发生重大事故。

（7）安装起重臂。在地面组装好起重臂、起重臂拉杆，穿绕好变幅钢丝绳后，将起重臂整体起吊安装。安装好起重臂与回转过渡节之间的连接销轴，安装好拉杆销轴。

（8）安装剩余的平衡重。将剩余的平衡重安装到平衡臂上。平衡重的总数量与起重臂的组装长度有关，按说明书的规定执行。

（9）穿绕起升钢丝绳。根据工作需要将钢丝绳穿绕成2倍率或4倍率，钢丝绳端在起重臂端部按规范要求锚固。

注：如果塔顶是桅杆式的塔机，先安装平衡臂后安装塔顶。

2. 塔机升节

塔机升节是指完成塔机的组装工作后，用液压顶升机构将塔机的顶升套架及其上部结构顶起，在塔身顶部与下支座之间形成容纳一个标准节的空间，向这空间内填入塔身标准节，使塔机高度逐步增加的过程。

塔机升节（或降节）过程是一项危险性较大的作业，很多塔机安装（或拆卸）事故都发生在这一过程中。因此塔机基础的定位时，方案编制人员应对塔机升节（或降节）过程有所了解，为塔机的升降节工作提供一个良好的工作环境。

自升式塔机的顶升加节工作按以下步骤实施：

（1）将起重臂转向顶升套架引进平台的正前方，回转制动器制动,将起重臂的方向固定,不得随风转动。起重臂、平衡臂、顶升操作平台、司机室的上方应无障碍物(如脚手架钢管等)阻挡,保证升高通道畅通。

(2)拆除塔身顶部与下支座之间的连接螺栓。拆除前,下支座与顶升套架之间的连接销轴(或螺栓)必须已可靠连接,否则不得拆除这部位的连接螺栓。

(3)启动液压顶升、降电机工作,观察液压表显示的工作压力是否正常。

(4)用塔机自身吊钩吊起一节标准节,放置在顶升套架的引进平台上。吊起另一节标准节,运行变幅小车至相应的幅度位置,保持顶升过程中塔机前后平衡。

(5)将顶升横梁的两端可靠地搁置(或悬挂)在塔身的爬升踏步上,操纵手动换向阀至"上升"位置,顶升油缸的活塞杆伸出,套架上升。当活塞杆的伸出长度接近全行程长度时,手动翻转爬爪至水平位置(或推动爬爪销轴),操纵手动换向阀至"下降"位置,套架微微下降,使爬爪搁置在标准节踏步上,由爬爪承担塔机上部结构重力。

(6)手动使顶升横梁的两端脱离标准节踏步,继续操纵手动换向阀至"下降"位置,活塞杆回缩,将顶升横梁的两端搁置(或悬挂)在上一级踏步上,操纵手动换向阀至"上升"位置,顶升油缸的活塞杆再次伸出,爬爪(或销轴)脱开标准节踏步,套架上升。

(7)通过两次顶升作业,在下支座与最上一节标准节之间形成容纳一个标准节的空间,把引进平台上的标准节拉进套架内,微微下降套架,使标准节搁置在塔身上,标准节之间用高强螺栓连接,完成一节标准节的安装。

(8)重复上述(4)~(7)项工作步骤,再次安装一节标准节。

(9)计划安装的所有标准节安装完毕,必须将塔身与下支座之间的连接螺栓安装到位,千万不可疏忽这一工作步骤。

降节过程与上述过程相反,塔机降到最初的组装高度后,用辅助起重设备对塔机进行拆卸解体作业。

受障碍物(在建工程、相邻建筑物、脚手架等)阻挡,塔机不能降到最初的组装高度就需要进行解体作业,属非正常作业。编制非正常作业的塔机拆卸方案时,应根据塔机的平衡原理,对塔身的受力情况进行计算,防止发生塔身失稳折断事故。

3. 安装附着装置

附着装置是塔机与建筑物之间连系的接口,用户在确定附着式塔机的安装位置时应同时考虑附墙座在建筑物上的安装位置。附着装置的制作、安装应注意以下几点:

(1) 撑杆结构必须含有三角形的单元,因为只有三角形可以保持结构稳定。

(2) 撑杆与建筑物墙面之间的夹角 θ 在60°左右为宜(图1-9),两附墙座之间的间距 b 与塔身中心至建筑物墙面之间的距离 L 存在着一定的比例关系,L 的尺寸大,b 的尺寸也相应增大。这在确定附着式塔式起重机的基础位置时,应充分考虑到这一点,避免今后出现无法安装附着装置的尴尬。

(3) 撑杆的长度与 b、L 两个尺寸相关,应根据实测长度配置。当 b、L 两个尺寸超出塔机使用说明书中给定的尺寸时,用户不应简单地将厂家提供的撑杆接长使用,因为撑杆长了,其长细比和强度均发生了变化,有可能因撑杆失稳而发生塔机倾覆事故。加长的撑杆应专门设计。

(4) 最上一道附着装置至起重臂下弦杆的垂直距离被称为自由端高度,自由端高度不得超出塔机使用说明书中的规定。

(5) 附墙座应尽量安装在建筑物的主梁、柱上,当安装在次梁上时,用户应校核次梁的结构强度,必要时增加结构中的钢筋配置量。

(6) 塔机安装到最大独立高度时,必须先安装附着装置,再加节升高;塔机拆除降节时,必须先降节,再拆除附着装置。

(7) 附着装置以下塔身的垂直度偏差不得超出2‰。

1.5 基础方案的重要性与必要性

1. 基础方案的重要性

塔机的底部安装在一个固定的混凝土基础上，起到保持塔机稳定，分散对地基的作用荷载，是安全使用塔机的首要保证。如果塔机基础的位置选择不当，或基础尺寸偏小，则可能出现塔机倾覆、起重臂折断等恶性事故。因此每次塔机安装前，应编制塔机基础方案，对基础的位置、尺寸进行筹划和计算，确保塔机不与相邻塔机、建筑物发生碰撞，不触及附近的外电线路，不发生基础滑坡、下沉、倾翻事故。基础方案是塔机安装方案的一项重要内容。

下面几起事故案例均与塔机位置、基础尺寸、地基承载力等因素有关。

[案例1] 2008年1月20日，某工地发生两台塔机碰撞事故。A塔机倾翻，塔机司机死亡，B塔机折臂。双方互相指责对方碰撞了自己的塔机。

事故原因分析：问题不在于谁碰撞了谁的塔机，根本原因是两台塔机之间的距离不符合《塔式起重机安全规程》GB5144—2006中10.5条（见第2章内容）的规定，导致两台塔机发生碰撞、倾翻事故。

[案例2] 2010年12月3日上午10时左右，某生态旅游度假区工地正在安装一台QTZ40塔机，平衡臂和2块平衡重已安装到位，在准备安装起重臂前，平衡臂由西向东按顺时针方向回转，回转过程中该塔机突然倾翻，造成1人死

图1-13 案例2事故现场照片

亡1人受伤。事故现场情况见图1-13。

事故原因分析：

（1）地基承载力未达到要求。厂家提供的基础图中要求持力层的承载力不得小于$12.5t/m^2$，而该基础的持力层是①号素填土层，《岩土工程勘察报告》反映该土层密实度差，土体松散，土质不均工程性质差；也未标明该土层的地基承载力特征值。

（2）基础尺寸不符合要求。该塔机基础是十字形基础，厂家提供基础图中要求梁的长度是6.0m，而该基础梁的实际长度分别是5.50m和5.45m，与要求存在较大的偏差。

［案例3］2007年5月15日晚8时许，某住宅小区工地，一场突起的大风使这工地S塔机的起重臂撞击在T塔机的平衡重上后搁置在其平衡臂上，S塔机的起重臂侧向折断但未坠落，无人员伤亡，现场情况如图1-14所示。

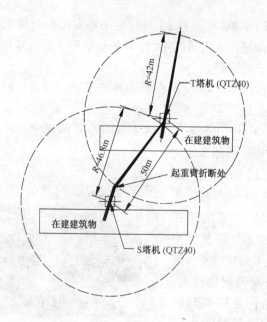

图1-14 案例3事故现场平面图

事故原因分析：两台塔机型号均是 QTZ40，都处于最大独立高度状态，起重臂高度基本相同。两台塔机之间的水平距离虽然满足要求，但垂直距离不符合《塔式起重机安全规程》GB5144—2006 中 10.5 条的规定，风力使 S 塔机的起重臂撞击在 T 塔机的平衡重上。

[案例 4] 1999 年 9 月 12 日下午，某住宅楼工程，正在安装一台 QTZ40 型塔式起重机。该机独立高度 32m，最大工作幅度 42m，当时塔机的安装高度是 25m。调试时，与另一台同标高的 QTZ5012 塔机相撞，约 1h 后，该塔机整体倾覆，机上 3 人中，2 人死亡、1 人重伤，塔机结构严重损坏。

事故原因分析：一是塔机基础的尺寸偏小，塔机使用说明书基础图中的基础尺寸为 4.0m×4.0m×1.4m，要求地基承载力 0.2MPa。而基础的实际尺寸是 3.0m×3.0m×1.4m，基础下面持力层的土质是淤泥，地基承载力特征值仅 0.06~0.07MPa，未作任何加强处理。塔机基础附近有 1 个长流水的自来水笼头，水渗透到塔机基础下面，更降低了地基承载力。二是塔机之间的距离不满足规定要求，因此才发生与 QTZ5012 塔机的碰撞。

通过上述几起事故案例可以看出，塔机的基础定位、基础尺寸、地基承载力至关重要。塔机安装前，塔机用户应结合工程特点和施工现场情况，制订切实可行的塔机基础方案，确定基础位置、设计计算基础尺寸，是塔机基础方案中一项必不可少的重要内容。

2. 基础方案的必要性

（1）制造商提供的基础图不尽合理

有些塔机制造商提供的基础图中存在不合理，使用的术语也不规范，把"修正后的地基承载力特征值"说成"地基承载力"、"地耐力"；把"C30、C25 混凝土"说成"300 号、250 号混凝土"；把"MPa、kPa"等法定计量单位写成"t/m^2"等。基础尺寸、钢筋配置也存在错误，下面举两个实例说明。

[例 1-1] S 公司制造的 QTZ80 塔机，制造商提供基础图中

的基础尺寸是 3.5m×3.5m×2.5m，要求地基承载力不小于 0.2MPa。这个基础的底面积明显偏小，甚至比 1 台 40t·m 塔机基础的底面积还要小，用户按这个尺寸做的塔机基础，几乎每次都出现基础下沉，塔机倾斜现象。

[例 1-2] 某公司制造的 QTZ40 塔机，厂家提供基础图中的基础尺寸是 4.0m×4.0m×1.4m，双层双向钢筋的配置量是 $64\phi16$，也就是单层单向钢筋的配置量是 $16\phi16$，钢筋间距 260mm，配筋率 0.06%，不符合《建筑地基基础设计规范》GB 50007—2002 中 8.2.2 条"钢筋间距不宜大于 200mm"的要求，也不符合《混凝土结构设计规范》GB 50010—2002 中 9.5.2 条"受拉钢筋的最小配筋率不应小于 0.15%"的要求。

（2）基础设计应适应工程特点

当施工现场无法满足塔机使用说明书对基础的要求时，塔机用户可自行设计基础。当地基承载力不满足要求时，可采用扩大基础底面积、地基加固等方法进行处理；基础位于深基坑边缘时，可采用桩基础；基础位于地下室内部时，可采用组合式基础。所有这些变化都要经过基础设计计算后才能实施，否则将出现各种问题，成为安全隐患。这些设计工作是塔机制造商无法提供的，塔机用户必须结合工程特点、现场环境和地基情况进行设计，达到安全、节材目的。

（3）基础设计应符合现行规范

塔机使用说明书中提供的基础图，可能还是制造商几年前提供的。从 2010 年 7 月 1 日起实施的 JGJ 196—2010《建筑施工塔式起重机安装、使用、拆卸安全技术规程》和 JGJ/T 187—2009《塔式起重机混凝土基础工程技术规程》，基础抗倾覆稳定性标准已由 $e \leqslant b/3$ 提高到 $e \leqslant b/4$，安全性要求有所提高，塔机用户应依据现行规范设计计算塔机基础。

3. 有关塔机基础设计的规定

塔机基础应当由什么单位、什么人员设计？现行规范作了以下规定：

《建筑施工塔式起重机安装、使用、拆卸安全技术规程》JGJ 196—2010 中 3.2.2 条规定："当施工现场无法满足塔式起重机使用说明书对基础的要求时，可自行设计基础……"。

《塔式起重机》GB/T 5031—2008 中 10.2.2.2 条规定："采用固定基础安装时，固定基础的尺寸应满足塔机工作状态和非工作状态稳定性要求以及地基承载能力的要求。固定基础应由专业工程师设计。"10.2.2.4 条规定："当需要采用如钢结构平台等特殊基础时，指派人员应保证该基础是由专业工程师设计并能满足塔机使用要求。"

从以上规定可以看出，塔机用户可以自行设计塔机基础，设计人员应当是具有塔机基础设计方面的专业知识、并取得工程师及以上技术职务的工程技术人员。

1.6 基础方案的编制与实施

塔机基础方案的编制应因地制宜，做到安全适用、技术先进、经济合理、确保质量、保护环境、方便施工。可按以下步骤实施：

（1）查阅待建工程规划图、结构施工图，了解工程概况、结构特点、建筑物外形轮廓尺寸、高度、基坑开挖深度等数据。了解施工组织的任务分工情况。

（2）勘察施工现场，熟悉周围环境，记录附近外电线路的位置、电压等级，测量附近高耸建（构）筑物的位置、高度，了解相邻塔机的型号、工作幅度、安装高度等数据。

（3）绘制施工现场平面图，图中包括现场勘察中获取的内容。选择适用的塔机型号，确定塔机基础在现场的平面位置，并绘制到施工现场平面图中。塔机位置应符合本书第 2 章中讲述的定位要求。有条件时可采用电脑绘图，精确度高、方便修改。

（4）查阅本工程的《岩土工程勘察报告》，了解塔机安装地点的地基情况，摘录有关数据，结合工程特点选择安全、经济、适用的基础形式。确定塔机基础的埋置深度。

（5）设计计算塔机基础的尺寸、钢筋配置量、混凝土强度等级。有条件的应编制计算程序用计算机进行计算，达到提高工作效率、减少计算错误、减轻工作强度的目的。

（6）绘制塔机基础施工图纸。图中应标明：①基础中心线与建筑物轴线的相对尺寸，以保证基础平面位置的准确；②基础底面的黄海高程，以保证达到所要求的持力层，防止基础滑坡事故的发生；③基础尺寸；④钢筋种类、直径、数量、长度、间距、布置方式、保护层厚度；⑤混凝土强度等级；⑥基础预埋件的钢材牌号、制造尺寸、位置尺寸、伸出基础表面的长度尺寸等；⑦施工技术要求和注意事项；⑧塔机型号、工程名称。设计人员签名，经审核后交施工部门施工。

（7）按第10章内容组织基础施工、质量验收。

2 基础定位

基础正确定位是安全使用塔机的前提。位置合理则能方便施工、提高劳动生产效率；反之则可能发生起重臂折断、吊物触及外电线路、基础滑坡、塔机倾翻等恶性事故。

基础定位包括平面定位和埋置深度定位两项内容。平面定位是指塔机与建筑物的相对位置关系；埋置深度定位是指基础底面处的黄海高程或与建筑物的相对高差。

2.1 基础平面定位

确定塔机基础在施工现场的平面位置时，应综合考虑建筑物的结构特点、施工方法、周围环境和塔机相关技术参数，做到统筹兼顾，合理安排，防止事故。特别是建筑群施工中，往往有多个施工组织（企业、项目部或项目组）参与，工程总承包单位或工程发包单位应统筹规划塔机的定位工作，兼顾各方利益，禁止各行其是。

1. 平面定位工作中注意事项

（1）按施工组织配置塔机

一个较大的工程项目往往有多个施工组织参与，一个施工组织分工完成其中的一个或几个子项目。塔机作为施工过程中的主要起重设备，通常一个施工组织至少配置一台塔机，因此在考虑塔机配置数量时，应结合各施工组织的任务分工情况进行配置。

（2）塔机工作范围应尽可能多地覆盖施工作业面和作业现场

塔机的工作范围是以基础的中心为圆心，最大工作幅度为半径的范围，超出这一范围有可能出现斜拉斜吊现象，这在塔机操作规程中是严格禁止的。

为了充分发挥塔机效能，提高劳动生产率，减轻工人劳动强度，塔机工作范围应尽可能多地覆盖施工作业面和作业现场。图2-1中，(a)图的塔机位置较为合理，塔机工作范围覆盖全部施工作业面和大部分的材料堆放现场；(b)图的塔机位置则不太合理，材料堆放现场的覆盖面积较少，而且吊运材料堆放现场的物料时，在建建筑物阻挡了司机的操作视线，对安全生产不利。

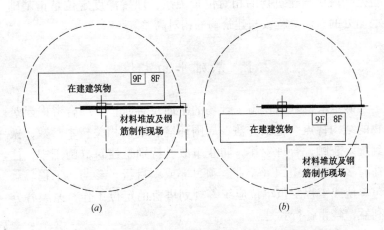

图2-1 塔机工作范围应尽可能多地覆盖施工作业面和作业现场

(3) 塔机作业范围内应尽可能避开外电线路并保持安全距离

《施工现场临时用电安全技术规范》JGJ46规定：起重机的任何部位或被吊物的边缘在最大偏斜时与架空线路边线的最小安全距离应符合表2-1的规定。当达不到表中规定时，必须采取绝缘隔离防护措施，并悬挂醒目的警告标志。防护设施与外电线路之间的安全距离不应小于表2-2中数值。

起重机与架空线路边线的最小安全距离　　　　表 2-1

电压（kV） 安全距离（m）	<1	10	35	110	220	330	500
沿垂直方向	1.5	3.0	4.0	5.0	6.0	7.0	8.5
沿水平方向	1.5	2.0	3.5	4.0	6.0	7.0	8.5

防护设施与外电线路之间的最小安全距离　　　　表 2-2

外电线路电压等级（kV）	≤10	35	110	220	330	500
最小安全距离（m）	1.7	2.0	2.5	4.0	5.0	6.0

图 2-2 中，某建筑工程南面道路上有一条 110kV 高压线路，塔机基础中心至高压线边线地面投影线的垂直距离约 50m。为了避让这条高压线路，这台塔机少安装一节 6m 的加长臂，其最大工作幅度是 41m，回转中心线至起重臂端部的尺寸约 43m，臂端至这 110kV 高压线边线的水平距离大于 4.0m，满足表 2-1 规定的安全距离。

减少最大工作幅度使塔机对裙楼的覆盖面积减少，但体现了生产服从安全的理念。

（4）起重臂覆盖范围应避开妨碍塔机转动的障碍物

塔机上部结构在 360°全方位范围内自由旋转是塔机自身的一个安全保护功能。当塔机停用且风力较大时，上部结构随风转动，自动转到顺风方向，即风从平衡臂吹向起重臂方向，塔机上的迎风面积减少，风力对塔机的弯矩荷载和水平荷载也相应减小。有些施工单位为了防止起重臂碰撞障碍物，在塔机停用时将起重臂用缆风绳固定，这是一种错误的做法。起重臂与周围建筑物及其外围施工设施之间的安全距离不得小于 0.6m。

图 2-3 中，⑦号楼是 24 层楼，由 A 项目部施工，使用 2 号塔机；⑧、⑩号楼是 11 层楼，由 B 项目部施工，使用 3 号塔

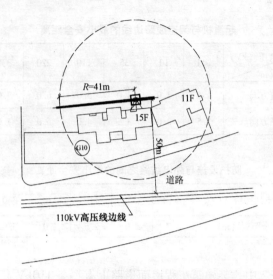

图2-2 基础中心至外电线路安全距离的控制

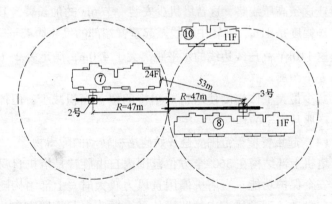

图2-3 基础中心至障碍物安全距离的控制

机。方案中这样安排，是考虑到⑦号楼的施工高度超过3号塔机起重臂高度后，将不影响3号塔机起重臂360°自由旋转；如果将3号塔机向西位移，虽然可以增加⑩号楼的覆盖面积，但3号塔机的起重臂随风转动时，有可能碰撞⑦号楼，造成折臂、倾翻事故。

（5）不同型号塔机搭配使用，使相邻的塔机之间有足够的安全距离

《塔式起重机安全规程》GB 5144—2006 中 10.5 条规定：两台塔机之间的最小架设距离，应保证处于低位塔机的起重臂端部与另一台塔机的塔身之间至少有 2m 的距离；处于高位塔机的最低位置的部件（吊钩升至最高点或平衡重的最低部位）与低位塔机中处于最高位置部件之间的垂直距离不应小于 2m。如图 2-4 所示。

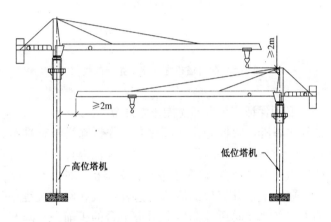

图 2-4　两台塔机之间的最小架设距离

确定塔机基础位置时，一般可按低位塔机的最大工作幅度加 5m 尺寸，控制两个塔机基础中心之间的最小距离。在现场条件允许的情况下，应尽可能拉开两个塔机基础之间的距离，减少两台塔机在高度方面的相互制约。

图 2-5 中，低位塔机选择 1 台 QTZ40 塔式起重机，少安装 1 节 5m 的加长臂，其最大工作幅度是 37m；高位塔机选择 1 台 QTZ63 塔机，独立工作状态时的起升高度是 40m。不同型号的塔机搭配使用，减少了高位塔机对低位塔机在高度方面的制约，使其符合 GB 5144—2006 中 10.5 条规定。

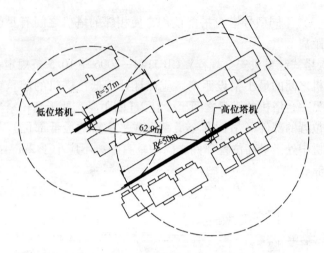

图 2-5 两台塔机之间水平距离的控制

（6）必须保证塔机拆卸时能正常降节

自升式塔机正常拆卸作业顺序是，先拆除塔身标准节，将塔机降至最低高度，再用吊车按序拆除其他部件。拆除塔身标准节的过程称为"降节"。大多数自升式塔机是外顶升套架，液压顶升油缸置于顶升套架的后侧。这种塔机在降节过程中，起重臂的方向必须指向顶升套架上引进平台的正前方，降节过程中起重臂的方向不可偏斜，否则可能发生上部结构倾翻的重大事故。

为了防止降节作业时司机室、操作平台、平衡臂、起重臂等部件被建筑物阻挡，造成难以降节的局面，确定基础位置时，应考虑塔机的上部结构不被建筑物的挑沿、阳台、雨篷、脚手架或相邻建筑物阻挡，保证塔机能正常降节。

图 2-6 是几种因基础定位错误，而无法降节的情况。（a）图中，塔机侧面距离建筑物太近，上部结构的操作平台、司机室被建筑物的挑沿阻挡无法降节；（b）图中，平衡臂、起重臂被建筑物阻挡无法降节；（c）图中，起重臂被相邻的④号楼阻挡而无法降节。

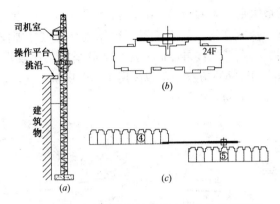

图2-6 基础定位错误导致无法降节的几种情况

(7) 注意基础的方向

十字形基础的正前方与梁的方向成45°夹角,如图2-7(a)所示。图2-7(b)中,误将十字形基础梁的方向当成了基础正方向,基础位置旋转了45°角,造成塔机无法正常降节,必须高空拆除,增加了拆除的难度和危险性。

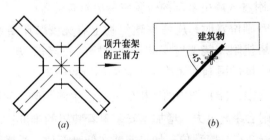

图2-7 基础方向定位错误

(8) 基础位置应结合塔机技术参数综合考虑

图2-8中,如果选择使用QTZ63A塔机,其独立状态的最大起升高度是40m,不需要安装附着装置即可完成⑨号楼(8F)的施工,基础位置比较灵活,可充分利用塔机的有效工作范围,一台塔机即可完成3幢楼的施工;如果选用QTZ40塔机,其独

31

立状态的最大起升高度是 31m，塔机需要安装成附着式状态才能完成⑨号楼的施工，基础位置必须靠近⑨号楼才能安装附着装置，则需要在⑦号楼再增加 1 台 QTZ40 塔机。比较两种方案，(a) 方案优于 (b) 方案，不仅少用了 1 台塔机，而且避免了两台塔机在高度上的互相干扰。

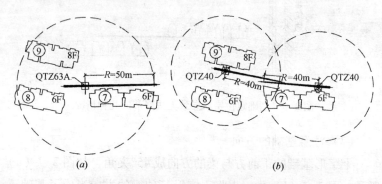

图 2-8 基础位置应结合塔机技术参数综合考虑
(a) 用 1 台 QTZ63A 塔机；(b) 用 2 台 QTZ40 塔机

(9) 附着式塔机基础的位置应考虑附着装置的安装位置

确定基础位置时，应考虑建筑物上有无安装附着装置的相应位置。塔机附着装置应安装在建筑物的较高部位，否则受塔身自由端高度的限制，无法完成高楼部位的施工。

图 2-9 中，(a) 图中的塔机应安装于主楼一侧，如果安装裙房一侧，附着距离过大，增加了安装附着装置的难度；(b) 图中的塔机应安装在高跨部位，如果安装在低跨部位，受塔身自由端高度的限制，其高度无法完成高跨部位的施工；(c) 图中的塔机需完成①、③两栋楼的施工，塔机应安装在 16 层的③号楼附近，如果安装在 11 层的①号楼附近，附着装置安装在①号楼上，其高度将无法完成③号楼的施工。

(10) 预留拆卸塔机时必要的作业现场和道路

图 2-10 中，建筑物是一个 U 形的 4 层厂房，塔机安装于

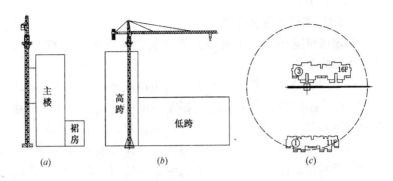

图 2-9 基础位置应结合附着位置综合考虑
(a) 塔机安装在主楼一侧；(b) 塔机安装在高跨部位；
(c) 塔机需完成①、③两栋楼的施工

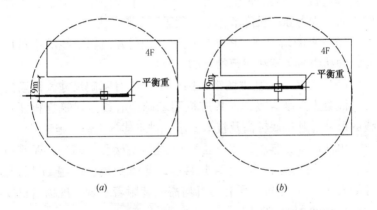

图 2-10 为拆除塔机预留作业通道和现场

南、北两楼之间的巷道内，巷道宽度9m。拆除塔机时，吊车首先需要到塔身后面平衡臂位置拆除部分平衡重，(a) 图中的塔机位置较合理，基础定位于南楼一侧，在塔机的北面给吊车预留了一条通道，方便吊车作业；而 (b) 图中的位置则不合理，将塔机安装于两楼中间，没有给吊车作业留出一条通道，不方便拆除平衡重。

2. 定位工作步骤及实例

确定塔机基础在施工现场的平面位置是一项细致的工作,按以下步骤实施:

(1)勘察施工现场,熟悉现场周边道路及环境,测绘现场附近外电线路的位置、了解电压等级(可从电线杆的标牌上获知),测绘现场周围高耸障碍物的位置和高度。

(2)依据建筑规划图中的坐标点,或建筑施工图中的轴线尺寸,用制图软件绘制施工现场的平面布置图,勘察施工现场时获得的资料数据也一同绘制在图中。

(3)根据工程特点和周围环境选择塔机。

(4)将塔机的相关轮廓尺寸(起重臂长度、尾部回转半径)和塔机工作范围按比例绘制到现场平面图中。图中起重臂的方向,为拆除塔机降节作业时起重臂所指的方向。

(5)查阅结构施工图纸,确定基础与建筑物轴线的相对位置,确认附着装置在建筑物上的安装位置。

(6)绘制塔机基础图纸,图中不仅应有基础尺寸、钢筋配置、混凝土强度等级,而且应标明基础中心线至建筑物相邻轴线的尺寸、基础底标高及技术要求,供土建施工部门施工。

镇江市米山雅居住宅小区由 14 幢住宅楼和 3 幢公共建筑组成。14 幢住宅楼中,2 幢 24 层楼,2 幢 16 层楼,10 幢 11 层楼。计划安装 10 台塔机,所有塔机均需安装附着装置。现场塔机安装位置如图 2-11 所示。

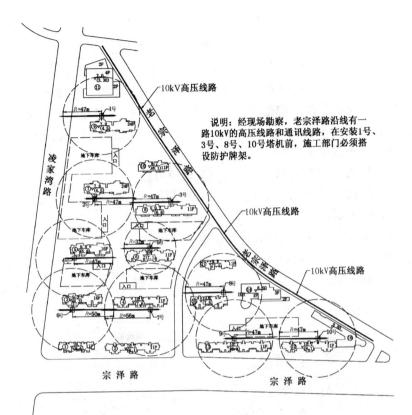

塔机选用一览表

塔机编号	所施工的幢号	制造厂家	塔机型号	幅度（m）
1号	9、11号楼	泰州腾达	QTZ40	47
2号	7号楼及南、北两侧地下车库	泰州腾达	QTZ40	47
3号	8、10号楼及8号楼南面的地下车库	泰州腾达	QTZ40	47
4号	5号楼	淮安力达	QTZ40	47
5号	6号楼	江苏正兴	QTZ25	32
6号	1、3号楼	江苏正兴	QTZ63A	50
7号	2、4号楼及北侧的地下车库	泰州腾达	TC5610	56
8号	14、15、17号楼	泰州腾达	QTZ40	47
9号	13号楼及北侧地下车库西段	泰州腾达	QTZ40	47
10号	12、16号楼及12号楼北侧地下车库东段	泰州腾达	QTZ40	47

图2-11 镇江市米山雅居住宅小区工程塔机位置图

2.2 基础埋置深度的定位

在确定了塔机基础在施工现场的平面位置后,应结合现场的地质情况、建筑物基坑开挖深度、地下管线走向等因素确定塔机基础的埋置深度,防止发生基础滑坡等恶性事故。基础埋置深度不宜少于 0.5m。

1. 尽可能利用天然地基为基础的持力层

塔机基础设计工作中,应尽可能利用天然地基作为塔机基础的持力层,这样有利于节约社会资源,降低施工成本。设计塔机基础的埋置深度时,应根据施工现场的岩土工程勘察报告,选择地基承载力较好的土层作为塔机基础的持力层,确定基坑的开挖深度。

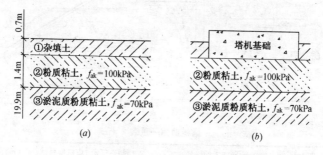

图 2-12 尽量选择天然地基作基础的持力层
(a) 岩土工程勘察报告反映的地质情况;
(b) 选择②号土层为塔机基础的持力层

图 2-12 (a) 是某工程《岩土工程勘察报告》中塔机安装地点的地质情况:①号土层是杂填土,厚度 0.7m,未反映地基承载力特征值;②号土层是粉质粘土,厚度 1.4m,地基承载力特征值 $f_{ak}=100$kPa;③号土层是淤泥质粉质粘土,厚度近 20m,地基承载力特征值 $f_{ak}=70$kPa。图 2-12 (b) 中,选择②号土层为塔机基础的持力层,③号土层是下卧层。基坑开挖深度 0.7m

为佳。挖浅了，基础的底面达不到②号粉质粘土层；挖深了，②号土层减薄，持力层的厚度不满足要求。

2. 防范基础滑坡事故

设计塔机基础埋置深度时，应结合建筑物基坑的开挖深度综合考虑。施工现场容易出现的塔机基础险情如图 2-13 所示，塔机安装时建筑物的基坑尚未开挖，塔机基础不存在滑坡的危险；基坑开挖后，塔机基础处于边坡顶面，可能造成基础滑坡塔机倾覆事故。

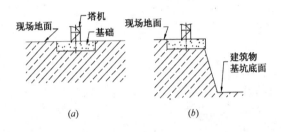

图 2-13 塔机基础位于基坑边缘存在滑坡危险

为防范基础滑坡事故，可采取图 2-14 所示的几种措施：(a) 图，将基础的底标高降至坑底，并放坡卸载；(b) 图，采用桩基础；(c) 图，按地基稳定性计算结果，确定塔机基础至基坑边缘的距离 a 和埋置深度 d。

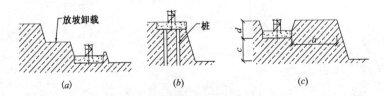

图 2-14 塔机基础滑坡事故防范措施

3. 基础顶面略高于现场地面为宜

塔机基础的顶面低于现场地面会造成基础顶面及周围积水，

基础积水将降低地基承载力、腐蚀塔身底部钢结构件，且不利于工人检查、紧固塔机地脚螺栓。为防止基础积水，塔机基础顶面略高于施工现场的自然地面为宜。当塔机基础的顶面低于现场地面时，应采取有效的挡水、排水措施。

3 作用于基础顶面荷载数据的计算

设计计算塔机基础时，设计人员需要掌握作用于基础顶面的荷载数据。《塔式起重机》GB/T 5031—2008 及以前的相关规范均要求塔机制造商在使用说明书中提供基础顶面荷载数据。但是目前的现状是，有些塔机使用说明书中未提供基础顶面荷载数据；或者虽然提供了数据，却未说明这些数据是塔机处于工作状态还是非工作状态，是独立式状态还是附着式状态。还有些厂家塔机使用说明书中提供的数据，与其他厂家同型号塔机的数据存在很大的差异，其力矩荷载标准值是其他厂家同型号塔机的40%左右。因此基础设计人员有必要通过自己的计算获取基础顶面荷载数据。本书附录A中提供了部分塔机的基础顶面荷载数据，供读者借鉴使用。

基础顶面荷载数据包括：作用在基础顶面的力矩荷载标准值 M_k、竖向荷载标准值 F_k、水平荷载标准值 F_{vk}、扭矩荷载标准值 T_k。

基础荷载的计算工况为：塔机处于最大独立高度，风从平衡臂吹向起重臂方向，按工作状态和非工作状态两种工况分别计算。附着状态时，塔机虽然增加了标准节自重，但对基础设计起控制作用的力矩荷载、水平荷载主要由附着装置承担，故不以附着状态的基础顶面荷载数据设计计算塔机基础。

《塔式起重机》GB/T 5031—2008 对塔机工作状态和非工作状态的定义是：

工作状态：塔机处于司机控制之下进行作业的状态（吊载运转、空载运转或间歇停机）。

非工作状态：已安装架设完毕的塔机，不吊载，所有机构停止运动,切断动力电源,并采取防风保护措施的状态。

计算基础顶面荷载的方法有多种,计算结果亦存在一定差异。本章内容按《塔式起重机混凝土基础工程技术规程》JGJ/T 187—2009 介绍的方法计算。

3.1 水平荷载数据的计算

塔机作用于基础顶面的水平荷载包括:作用于塔机上的风荷载、回转离心力荷载、小车起(制)动惯性力荷载、作用于吊物上的风荷载等。根据《塔式起重机混凝土基础工程技术规程》JGJ/T 187—2009 的计算方法,忽略回转离心力荷载、小车起(制)动惯性力荷载、作用于吊物上的风荷载不计,仅计算作用于塔机上的风荷载。即:

$$F_{vk} = F_{sk} \tag{3-1}$$

式中 F_{vk}——荷载效应标准组合时,塔机工作状态或非工作状态作用于基础顶面的水平荷载标准值,kN;

F_{sk}——作用在塔机上的风荷载水平合力标准值,按工作状态和非工作状态分别计算,kN。

塔机的特点是安装高度高,基础与地基的接触面积相对较小,风荷载是影响塔机稳定性的主要荷载。由于非工作状态时的基本风压取值大于工作状态,因此非工作状态的风荷载大于工作状态。作用于塔机上的风荷载按以下公式计算:

$$F_{sk} = 0.8\beta_z \mu_s \mu_z \omega_0 A \tag{3-2}$$

$$A = \alpha\, \alpha_0 BH \tag{3-3}$$

式中 β_z——风振系数,根据不同的基本风压(ω_0)、地面粗糙度类别及塔机的计算高度(H),查附录 2 中附表 2-1 选取;

μ_s——风荷载体型系数,当塔身为型钢或方钢管杆件的桁架时,取 1.95;当塔身为圆钢管杆件的桁架时,可根据不同的基本风压(ω_0)和风压等效高度变化系

数 (μ_z)，查附录2中附表2-2选取；

μ_z——风压等效高度变化系数，将风荷载转化为等效均布线荷载，当塔机独立状态计算高度（H）为30m、40m、45m、50m，根据不同的地面粗糙度，查附录2中附表2-3选取；

ω_0——基本风压，工作状态时按$0.20kN/m^2$取值；非工作状态时，按所在地区根据附录2中附表2-4取用，且不小于$0.35kN/m^2$；

α——风向系数，当风沿着塔身截面的对角线方向吹时，按1.2取值；

α_0——塔身前后片桁架平均充实率，塔身无加强标准节的塔机取0.35；塔身的加强标准节占顶升套架以下一半的塔机取0.40；加强标准节处于中间值时按线性插入法取值；

A——塔身桁架结构迎风面积（m^2）；

B——塔身桁架结构宽度（m）；

H——塔机独立状态下迎风面的计算高度，如图3-1所示，对于有塔顶的塔机，按基础顶面至锥形塔顶一半处高度取值；对无塔顶的平头式塔机，按基础顶面至臂架顶取值（m）。

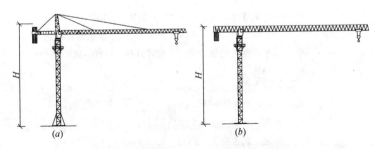

图3-1 塔机独立状态下的计算高度 H
(a) 有塔顶的塔机；(b) 无塔顶的平台塔机

3.2 竖向荷载数据的计算

塔机作用于基础顶面的竖向荷载包括：塔机自重荷载、起重荷载。作用于塔机上的竖向荷载如图3-2所示。

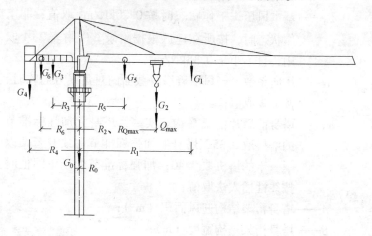

图3-2 塔机竖向荷载位置简图

图3-2中：G_0——塔身（包括底座、塔身、顶升套架、液压顶升机构、回转下支座、回转支承、回转上支座、回转过渡节、回转机构、塔顶、司机室）的重力（kN）；

G_1——起重臂（包括起重臂拉杆）的重力（kN）；

G_2——变幅小车（包括吊钩和下垂钢丝绳）的重力（kN）；

G_3——平衡臂（包括走道、平衡臂拉杆、栏杆、电箱等）的重力（kN）；

G_4——平衡重的重力（kN）；

G_5——变幅机构的重力（kN）；

G_6——起升机构的重力（kN）；

Q_{max}——最大起重荷载（kN）；

$R_{0\sim6}$——分别为$G_{0\sim6}$的重心至塔机回转中心线的水平距离，起重臂方向为正，平衡臂方向为负（m）；

R_{Qmax}——最大起重荷载至塔机回转中心线的最大水平距离（m）。

基础顶面竖向荷载标准值按公式（3-4）计算。

$$F_k = \sum G_i + Q_{max} \quad (3-4)$$

式中　F_k——荷载效应标准组合时，作用于基础顶面的竖向荷载标准值（kN）；

G_i——塔机各部件重力荷载（kN）；

Q_{max}——最大起重荷载，非工作状态时 $Q_{max}=0$（kN）。

3.3　力矩荷载数据的计算

工作状态时，塔机作用于基础顶面的力矩荷载标准值按公式（3-5）计算；非工作状态时，作用于基础顶面的力矩荷载标准值按公式（3-6）计算。

$$M_k = \sum G_i R_i + 0.9\left(\frac{1}{2}F_{sk}H + Q_{max}R_{Qmax}\right) \quad (3-5)$$

$$M_k = \sum G_i R_i + \frac{1}{2}F_{sk}H \quad (3-6)$$

式中　M_k——荷载效应标准组合时，塔机工作状态或非工作状态作用于基础顶面的力矩荷载标准值（kN·m）。

3.4　扭矩荷载数据的计算

塔机回转时，回转机构的驱动力对塔身产生扭转作用，塔身将扭矩传递到基础顶面，非工作状态时扭矩值为零。

由于扭矩值较小，在计算塔机基础的抗覆稳定性、地基承载力、钢筋配置时，扭矩对基础的作用忽略不计，但在设计计算组合式基础的钢架时，应计入扭矩荷载。

扭矩的计算方法通常根据回转阻力矩进行计算，计算过程十分烦琐，考虑塔机回转电动机功率是依据回转阻力矩的大小选择，因此较简单的计算方法，可以根据回转电动机的功率及塔机回转速度按公式（3-7）逆向推算。

$$T_k \approx \frac{9.555N \cdot \eta}{k \cdot n} \qquad (3-7)$$

式中 T_k——荷载效应标准组合时，塔机作用于基础顶面的扭矩荷载标准值（kN·m）；

　　N——电动机功率（kW）；

　　η——回转机构总效率，一般取 0.85～0.90；

　　k——电动机启动影响系数，一般取 1.2～1.8；

　　n——塔机回转速度（r/min）。

3.5 计算例题

[**例3-1**] 1台QTZ80塔机，塔身为圆管杆件桁架结构，塔机迎风面计算高度 $H=50$m，塔身桁架结构宽度 $B=1.83$m。塔机各部件重力、最大起重荷载及重心位置见表3-1。回转电动机功率 2×2.2kW，回转速度 0.6r/min。按工作状态和非工作状态分别计算作用于基础顶面的水平荷载、竖向荷载、力矩荷载、扭矩荷载标准值。

1台QTZ80塔机各部件的重力、最大起重荷载及重心位置

表3-1

部件名称		单位	塔身	起重臂	变幅小车	平衡臂	平衡重	变幅机构	起升机构	起重荷载
代 号			G_0	G_1	G_2	G_3	G_4	G_5	G_6	Q_{max}
工作状态	重力	kN	230.2	49.7	5.7	22.9	117.6	2.0	17.6	60.0
	重心位置	m	0.0	22.2	16.4	-6.0	-10.8	7.0	-8.0	16.4
非工作状态	重力	kN	230.2	49.7	5.7	22.9	117.6	2.0	17.6	0.0
	重心位置	m	0.0	22.2	2.8	-6.0	-10.8	7.0	-8.0	—

注：根据操作规程规定，塔机非工作状态时，变幅小车应停止在最小工作幅度处，$R_2=2.8$m。

解：塔机安装地点在城市郊区，地面粗糙度类别 B 类，取工作状态基本风压值 $\omega_0 = 0.20 \text{kN/m}^2$，非工作状态基本风压值 $\omega_0 = 0.75 \text{kN/m}^2$

（1）工作状态

查附录 2 附表 2-1，风振系数 $\beta_z = 1.59$

查附录 2 附表 2-2，风荷载体型系数 $\mu_s = 1.78$

查附录 2 附表 2-3，等效高度变化系数 $\mu_z = 1.39$

塔身结构迎风面积 $A = \alpha \alpha_0 BH = 1.2 \times 0.35 \times 1.83 \times 50$
$= 38.43 \text{ m}^2$

风荷载水平合力标准值

$F_{sk} = 0.8\beta_z\mu_s\mu_z\omega_0 A = 0.8 \times 1.59 \times 1.78 \times 1.39 \times 0.20 \times 38.43$
$= 24.2 \text{kN}$

作用于基础顶面水平荷载标准值 $F_{vk} = F_{sk} = 24.2 \text{kN}$

竖向荷载标准值 $F_k = \Sigma G_i + Q_{max} = 230.2 + 49.7 + 5.7 + 22.9$
$+ 117.6 + 2.0 + 17.6 + 60.0 = 505.7 \text{ kN}$

风荷载对基础顶面的作用力矩 $M_{sk} = 0.5 F_{sk} \cdot H = 0.5 \times 24.2 \times 50 = 604.7 \text{kN} \cdot \text{m}$

作用于基础顶面力矩荷载标准值：

$M_k = \Sigma G_i R_i + 0.9 \left(\dfrac{1}{2} F_{sk} H + Q_{mzx} R_{Qmax} \right)$

$= 49.7 \times 22.2 + 5.7 \times 16.4 - 22.9 \times 6 - 117.6 \times 10.8$
$+ 2 \times 7 - 17.6 \times 8 + 0.9 \times (604.7 + 60 \times 16.4)$

$= 1092.4 \text{kN} \cdot \text{m}$

取回转机构总效率 $\eta = 0.90$，电动机启动影响系数 $k = 1.2$

作用于基础顶面的扭矩荷载标准值

$T_k \approx \dfrac{9.555 N \cdot n}{k \cdot n} = \dfrac{9.555 \times 2 \times 2.2 \times 0.9}{1.2 \times 0.6} = 52.6 \text{kN} \cdot \text{m}$

（2）非工作状态

查附录 2 附表 2-1，风振系数 $\beta_z = 1.69$

查附录2附表2-2,风荷载体型系数 $\mu_s = 1.35$

查附录2附表2-3,等效高度变化系数 $\mu_z = 1.39$

风荷载水平合力标准值 $F_{sk} = 0.8\beta_z\mu_s\mu_z\omega_0 A = 0.8 \times 1.69 \times 1.35 \times 1.39 \times 0.75 \times 38.43 = 73.1 \text{kN}$

作用于基础顶面水平荷载标准值 $F_{vk} = F_{sk} = 73.1 \text{kN}$

竖向荷载标准值 $F_k = \Sigma G_i + Q_{max} = 230.2 + 49.7 + 5.7 + 22.9 + 117.6 + 2.0 + 17.6 + 0.0 = 445.7 \text{kN}$

风荷载对基础顶面的作用力矩 $M_{sk} = 0.5 F_{sk} \cdot H = 0.5 \times 73.1 \times 50 = 1828.1 \text{kN} \cdot \text{m}$

作用于基础顶面力矩荷载标准值:

$$M_k = \Sigma C_i R_i + \frac{1}{2}F_{sk}H$$
$$= 49.7 \times 22.2 + 5.7 \times 2.8 - 22.9 \times 6 - 117.6 \times 10.8 + 2 \times 7 - 17.6 \times 8 + 1828.1$$
$$= 1413.1 \text{kN} \cdot \text{m}$$

(3) 计算结果列于表3-2中

1台QTZ80塔机作用于基础顶面的荷载 表3-2

	力矩荷载 M_k (kN·m)	竖向荷载 F_k (kN)	水平荷载 F_{vk} (kN)	扭矩荷载 T_k (kN·m)
工作状态	1092.4	505.7	24.2	52.6
非工作状态	1413.1	445.7	73.1	0.0

4 地 基

施工现场的地质情况复杂,地基承载力差异很大,塔机基础设计人员应根据施工现场《岩土工程勘察报告》中提供的地质情况设计计算塔机基础。

4.1 地基土基本知识

1. 土的三相组成

土一般是由固体的颗粒、水和空气三部分组成。各占比例多少,反映着土的物理性能。为研究阐述方便,可将土看作如图4-1所示:把土的固体颗粒、水、空气各自划分开来。

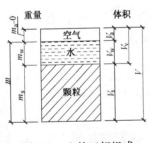

图4-1 土的三相组成

图4-1中重量符号:
  m——总重量($m = m_s + m_w$);
  m_s——固体颗粒重量;
  m_w——水的重量。
体积符号:
  V——总体积($V = V_a + V_w + V_s$);
  V_a——空气体积;
  V_w——水的体积;
  V_s——固体颗粒体积;
  V_v——孔隙体积($V_v = V_a + V_w$)。

2. 土的物理性质指标和力学性质指标

所谓土的物理性质就是表示土中三相比例关系的一些物理量。土的物理性质指标不仅可以描述土的物理性质和它所处的状态,而且在一定程度上反映了土的力学性质。为了方便读者查阅、使用《岩土工程勘察报告》,现将报告中常见的物理指标

和力学指标的定义介绍如下:

天然含水量(w):土中水的重量与土颗粒重量之比,$w = \dfrac{m_v}{m_s} \times 100\%$(%);

土的重力密度(γ):简称土的重度,单位体积土的重力(kN/m^3);

液限(w_L):土由塑性状态转变到流动状态时的分界含水量(%);

含水比(a_w):土的天然含水量w与液限的比值$a_w = \dfrac{w}{w_L}$;

塑限(w_P):土由固体状态变到塑性状态时的分界含水量(%);

塑性指数(I_P):液限与塑限之差,即$I_P = w_L - w_P$,塑性指数反映了土颗粒表面积的大小和粘土矿物亲水性的综合影响,它是进行粘土分类的重要指标。根据《建筑地基基础设计规范》GB50007—2002的规定,当$I_P > 17$时为粘土;当$10 < I_P \leq 17$时为粉质粘土。

液性指数(I_L):土的天然含水量与塑限之差对塑性指数的比值,$I_L = \dfrac{w - w_P}{I_P}$,液性指数反映了土所处的状态。当$I_L \leq 0$时,土呈坚硬状态;当$0 < I_L \leq 0.25$时,呈硬塑状态;当$0.25 < I_L \leq 0.75$时,呈可塑状态;当$0.75 < I_L \leq 1$时,呈软塑状态;当$I_L > 1$时,呈流塑状态。

孔隙比(e):土中孔隙的体积与土粒的体积之比,以小数表示,$e = \dfrac{V_v}{V_s}$。

压缩系数(a_{1-2}):地基土的压缩性可按p_1为100kPa,p_2为200kPa时相对应的压缩系数值a_{1-2}划分为低、中、高压缩性。当$a_{1-2} < 0.1MPa^{-1}$时,为低压缩性土;当$0.1MPa^{-1} \leq a_{1-2} < 0.5MPa^{-1}$时,为中压缩性土;当$a_{1-2} \geq 0.5MPa^{-1}$时为高压缩性土。

压缩模量（E_s）：土的压缩性指标，当 $2.0\text{MPa} < E_s \leqslant 4.0$ MPa 时为高压缩性；当 $4.0\text{MPa} < E_s \leqslant 7.5$ MPa 时为中高压缩性；当 $7.5\text{MPa} < E_s \leqslant 11.0$ MPa 时为中压缩性；当 $11.0\text{MPa} < E_s \leqslant 15.0$ MPa 时为中低压缩性；当 $E_s > 15.0$ MPa 时为低压缩性。

3. 地基土的分类

建筑地基的岩土可分为岩石、碎石土、砂土、粉土、粘性土和人工填土。

（1）岩石

岩石应为颗粒间牢固连接，呈整体或具有节理裂隙的岩体。其坚硬程度根据岩块的饱和单轴抗压强度 f_{rk}，分为坚硬岩、较硬岩、软质岩、软岩、和极软岩；风化程度分为未风化、微风化、中风化、强风化、全风化；完整程度划分为完整、较完整、较破碎、破碎、极破碎。

（2）碎石土

碎石土为粒径大于 2mm 的颗粒含量超过全重 50% 的土。碎石土可分为漂石、块石、卵石、碎石、圆砾和角砾。碎石土的密实度分为松散、稍密、中密、密实。

（3）砂土

砂土为粒径大于 2mm 的颗粒含量不超过全重 50%、粒径大于 0.75mm 的颗粒超过全重 50% 的土。砂土分为砾砂、粗砂、中砂、细砂、粉砂。砂土的密实度分为松散、稍密、中密、密实。

（4）粘性土

粘性土为塑性指数 I_P 大于 10 的土。分为粘土、粉质粘土。粘性土的塑性状态，分为坚硬、硬塑、可塑、软塑、流塑。

（5）粉土

粉土为介于砂土与粘性土之间，塑性指数 $I_P \leqslant 10$ 且粒径大于 0.075mm 的颗粒含量不超过全重 50% 的土。

（6）淤泥

淤泥为在静水或缓慢的流水中沉积，并经生物化学作用形成，其天然含水量大于液限、天然孔隙比大于或等于 1.5 的粘性土。

淤泥质土为天然含水量大于液限而天然孔隙比小于1.5但大于或等于1.0的粘性土或粉土。

（7）红粘土

红粘土为碳酸盐岩系的岩石经红土化作用形成的高塑性粘土。其液限一般大于50。

（8）人工填土

人工填土根据其组成和成因，可分为素填土、压实填土、杂填土、冲填土。

素填土为由碎石土、砂土、粉土、粘性土等组成的填土。经过压实或夯实的素填土为压实填土。

杂填土为含有建筑垃圾、工业废料、生活垃圾等杂物的填土。

冲填土为由水力冲填泥砂形成的填土。

（9）膨胀土

膨胀土为土中粘粒成分主要由亲水性矿物组成，同时具有显著的吸水膨胀和失水收缩特性，其自由膨胀率大于或等于40%的粘性土。

（10）湿陷性土

湿陷性土为浸水后产生附加沉降，其湿陷系数大于或等于0.015的土。

4.2 查阅《岩土工程勘察报告》

地基情况的有关数据可通过查阅施工现场的《岩土工程勘察报告》获取。塔机基础设计人员应熟悉《岩土工程勘察报告》的查阅方法，通常可按以下顺序获取所需要的数据。

1. 根据《岩土工程勘察报告》对工程概况的描述了解建筑物±0.00的黄海高程、地下室底板的黄海高程；

2. 根据《岩土工程勘察报告》中的勘探点平面位置图，确定最接近塔机基础位置的地质剖面代号和孔位代号；

3. 查阅相应代号的工程地质剖面图，将相应孔位的有关数据，摘录在表 4-1 或表 4-2 中，供地基计算时使用。

设计卧置于地基上的基础所需要的数据　　　表 4-1

工程名称		××××		±0.00（地下室底板）黄海高程				（m）
基础位置	《岩土工程勘察报告》中　　剖面　　孔位向（东、南、西、北）　（m）							
土层代号	土层名称	层顶高程（m）	土层厚度（m）	含水率 w_0（%）	重度 γ（kN/m³）	孔隙比 e	液性指数 I_L	承载力特征值 f_{ak}（kPa）	压缩模量 E_S（MPa）

注：用本土层的层顶高程减去下一土层的层顶高程，计算出各土层的厚度。

设计桩基础所需要的数据　　　表 4-2

工程名称			±0.0（地下室底板）黄海高程		（m）
基础位置	《岩土工程勘察报告》中　　剖面　　孔位向（东、南、西、北）（m）				
土层代号	土层名称	层顶高程（m）	土层厚度（m）	桩型：	
				极限侧阻力标准值 q_{sik}（kPa）	极限端阻力标准值 q_{pk}（kPa）

注：用本土层的层顶高程减去下一土层的层顶高程，计算出各土层的厚度。

4.3 持力层和下卧层修正后地基承载力特征值的计算

直接承受基础底面荷载的土层是持力层，持力层下面的土层是下卧层。地基承载力特征值较差的下卧层，称为软弱下卧层。

地基承载力特征值 f_{ak} 与修正后的地基承载力特征值 f_a 是两个概念。地基承载力特征值 f_{ak} 可以直接从《岩土工程勘察报告》

查得，修正后的地基承载力特征值 f_a 则需要计算后获取。判别塔机基础的地基承载力是否满足要求，是以基础底面处的压力值与修正后的地基承载力特征值 f_a 进行比较。

目前塔机制造企业提供的基础图中，对地基承载力的要求普遍使用"地基承载力"、"地耐力"这样的术语，这样表述的概念很模糊，使用户分不清是指地基承载力特征值 f_{ak}，还是指修正后的地基承载力特征值 f_a。

持力层和下卧层地基承载力的大小，不仅取决于地基承载力特征值 f_{ak}，而且与基础底面宽度和基础埋置深度有关，基础底面宽度尺寸大或基础埋置深度深，修正后的地基承载力特征值相应提高。

当基础底面宽度大于3m或埋置深度大于0.5m时，持力层修正后地基承载力特征值 f_a 按公式（4-1）计算。下卧层经深度修正后的地基承载力特征值 f_{az} 按公式（4-2）计算。

$$f_a = f_{ak} + \eta_b \gamma (b-3) + \eta_d \gamma_m (d-0.5) \quad (4-1)$$

$$f_{az} = f_{ak} + \eta_d \gamma_m (d+z-0.5) \quad (4-2)$$

式中 f_a——持力层修正后的地基承载力特征值（kPa）；

f_{az}——下卧层经深度修正后的地基承载力特征值（kPa）；

f_{ak}——持力层或下卧层的地基承载力特征值，从《岩土工程勘察报告》中查得（kPa）；

η_b——基础宽度的地基承载力修正系数，按基底下土的类别查表4-3取值；

η_d——基础埋深的地基承载力修正系数，按基底下土的类别查表4-3取值；

γ——基础底面以下土的重度，地下水位以下取浮重度（kN/m³）；

γ_m——基础底面以上，或下卧层顶面以上土的加权平均重度，地下水位以下取浮重度（kN/m³）；

b——基础底面宽度，当基宽小于3m按3m取值，大于

6m 按 6m 取值（m）；

d——基础埋置深度，基础四周埋置深度不同时，按埋置深度较浅的一侧计算（m）；

z——持力层厚度，即基础底面至下卧层顶面的距离（m）。

承载力修正系数　　　　　　　　　表 4-3

土 的 类 别		η_b	η_d
淤泥和淤泥质土		0	1.0
人工填土 孔隙比 e 或液性指数 I_L 大于等于 0.85 的粘性土		0	1.0
红粘土	含水比 $a_w > 0.8$	0	1.2
	含水比 $a_w \leq 0.8$	0.15	1.4
大面积压实填土	压实系数大于 0.95、粘粒含量 $\rho_c \geq 10\%$ 的粉土	0	1.5
	最大干密度大于 2.1t/m³ 的级配砂石	0	2.0
粉土	粘粒含量 $\rho_c \geq 10\%$ 的粉土	0.3	1.5
	粘粒含量 $\rho_c < 10\%$ 的粉土	0.5	2.0
孔隙比 e 及液性指数 I_L 均小于 0.85 的粘性土		0.3	1.6
粉砂、细砂（不包括很湿与饱和时的稍密状态）		2.0	3.0
中砂、粗砂、砾砂和碎石土		3.0	4.4

注：1. 强风化和全风化的岩石，可参照所风化成的相应土类取值，其他状态下的岩石不修正；
　　2. 地基承载力特征值按《建筑地基基础设计规范》附录 D 深层平板载荷试验确定时 η_d 取 0。

4.4　换填垫层法处理软弱地基

施工现场存在浅层软弱地基，天然土层不能利用，且不具备桩基础施工条件时，可用换填垫层法对塔机基础的地基进行处理。与其他的地基处理方法相比，换填垫层法是一种经济、适用的方法。

1. 基本规定

经处理后的地基，当按地基承载力确定基础底面积及埋深而需要对按表 4-5 确定的地基承载力修正时，应符合下列规定：

（1）基础宽度的地基承载力修正系数取零；

（2）基础埋深的地基承载力修正系数取 1.0；

（3）经修正后的地基，当在受力范围内仍存在软弱下卧层时，尚应验算下卧层的地基承载力。

2. 设计

（1）垫层材料

垫层材料可选用砂石、粉质粘土、灰土。

砂石。宜选用碎石、卵石、角砾、圆砾、砾砂、粗砂、中砂或石屑（粒径小于 2mm 的部分不应超过总重的 45%），应级配良好，不含植物残体、垃圾等杂质。当使用粉细砂或石粉（粒径小于 0.075mm 的部分不超过总重的 9%）时，应掺入不少于总重 30% 的碎石或卵石。砂石的最大粒径不宜大于 50mm。对湿陷性黄土地基，不得选用砂石等透水材料。

粉质粘土。土料中有机质含量不得超过 5%，亦不得含有冻土或膨胀土。当含有碎石时，其粒径不宜大于 50mm。用于湿陷性黄土或膨胀土地基的粉质粘土垫层，土料中不得夹有砖、瓦和石块。

灰土。体积配合比宜为 2:8 或 1:7。土料宜用粉质粘土，不宜使用块状粘土和砂质粉土，不得含有松软杂质，并应过筛，其颗粒不得大于 15mm。石灰宜使用新鲜的消石灰，其颗粒不得大于 5mm。

（2）压实标准

垫层的压实标准按表 4-4 选用。

（3）垫层承载力

垫层的承载力可根据表 4-5 采用，并进行下卧层承载力的验算。

各种垫层的压实标准　　　　　　　表4-4

施工方法	换填材料类别	压实系数 λ_c
碾压、振密或夯实	碎石、卵石	0.94~0.97
	砂夹石（其中碎石、卵石占全重的30%~50%）	
	土夹石（其中碎石、卵石占全重的30%~50%）	
	中砂、粗砂、砾砂、角砾、圆砾、石屑	
	粉质粘土	
	灰　土	0.95

注：1. 压实系数 λ_c 为土的控制干密度 ρ_d 与最大干密度 ρ_{dmax} 的比值；土的最大干密度宜采用击实试验确定，碎石或卵石的最大干密度可取2.0~2.2t/m³；
　　2. 当采用轻型击实试验时，压实系数 λ_c 宜取高值，采用重型击实试验时，压实系数 λ_c 可取低值。

垫层的承载力　　　　　　　表4-5

换填材料	承载力特征值 f_{ak}（kPa）
碎石、卵石	200~300
砂夹石（其中碎石、卵石占全重的30%~50%）	200~250
土夹石（其中碎石、卵石占全重的30%~50%）	150~200
中砂、粗砂、砾砂、圆砾、角砾	150~200
粉质粘土	130~180
石　屑	120~150
灰　土	200~250

注：压实系数小的垫层，承载力特征值取低值，反之取高值。

(4) 垫层厚度

垫层厚度 z 可根据需置换软弱土的深度确定，或根据下卧层的承载力确定。垫层底面处土的自重应力与附加应力之和不大于同一标高处软弱土层的容许承载力，如图4-2所示，按公式

(4-3)计算。垫层厚度不宜小于0.5m,也不宜大于3m。

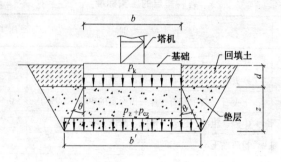

图4-2 垫层内压力分布示意图

$$p_z + p_{cz} \leq f_{az} \quad (4-3)$$

矩形板式基础:
$$p_z = \frac{lb(p_k - p_c)}{(b + 2Z\tan\theta)(l + 2Z\tan\theta)} \quad (4-4)$$

十字形基础:
$$p_z = \frac{b(p_k - p_c)}{(b + 2Z\tan\theta)} \quad (4-5)$$

式中 p_z——相应于荷载效应标准组合时,垫层底面处的附加压力值,根据不同的基础形式按公式(4-4)或(4-5)简化计算(kPa);

p_{cz}——垫层底面处土的自重压力值,$p_{cz} = \gamma Z$(kPa);

f_{az}——垫层底面处经深度修正后地基承载力特征值,按公式(4-2)计算(kPa);

p_k——相应于荷载效应标准组合时,基础底面处的平均压力值(kPa);

p_c——基础底面处土的自重压力值,$p_c = \gamma_m d$(kPa);

b——矩形板式基础底面宽度或十字形基础梁的宽度(m);

l——矩形板式基础底面长边的长度(m);

Z——持力层厚度,即基础底面至下卧层顶面的距离(m);

θ——地基压力扩散线与垂直线的夹角(图4-2),按表4-6取值。

垫层压力扩散角 θ 表4-6

换填材料 z/b	中砂、粗砂、砾砂、圆砾、角砾、石屑、卵石、碎石	粉质粘土	灰土
0.25	20°	6°	28°
≥0.50	30°	23°	

注：1. 当 $z/b < 0.25$ 时，除灰土取28°，其余材料均取 $\theta = 0°$；
2. $0.25 < z/b < 0.50$ 时，θ 值可内插求得。

（5）垫层底面宽度

垫层底面的宽度应满足基础底面应力扩散的要求，按公式（4-6）确定：

$$b' \geq b + 2Z\tan\theta \qquad (4\text{-}6)$$

式中　b'——垫层底面宽度；

b——矩形基础底面宽度或十字形基础梁的宽度（m）；

Z——持力层厚度，即基础底面至下卧层顶面的距离（m）；

θ——压力扩散角，按表4-6采用。

（6）垫层顶面宽度

垫层顶面宽度可从垫层底面两侧向上，按其基坑开挖期间保持边坡稳定的当地经验放坡确定。垫层顶面每边超出基础底边不宜小于300mm。

3. 施工

（1）垫层施工应根据不同的换填材料选择施工机械。粉质粘土、灰土宜采用蛙式夯、柴油夯；砂石材料宜采用振动夯。

（2）一般情况下，垫层的分层铺填厚度取 200～300mm。

（3）粉质粘土和灰土垫层土料的施工含水量宜控制在最优含水量 $w_{0p} \pm 2\%$ 的范围内，最优含水量可通过击实试验确定。

（4）基坑开挖时应避免扰动坑底的软弱土层，防止被践踏、受冻或受水浸泡。在碎石或卵石垫层底部宜设置 150～300mm 厚的砂垫层或铺一层土工织物，以防止软弱土层的局部破坏，同时必须防止基坑边坡坍土混入垫层。

（5）换填垫层施工应注意基坑排水，不得在浸水条件下施工。

（6）垫层施工结束后，应及时进行塔机基础的施工及基坑回填。

4.5 计算例题

[**例 4-1**] 某塔机安装位置处的地基情况见表 4-7。选择②号土层为塔机基础的持力层，③号土层是下卧层。塔机基础底面宽度 $b=4.9\text{m}$，基础埋置深度 $d=0.7\text{m}$，持力层厚度 $z=1.4\text{m}$。计算塔机基础持力层和下卧层修正后的地基承载力特征值。

某住宅小区 1 台 QTZ40 塔机基础的地基情况　　表 4-7

工程名称	某住宅小区 13 号住宅楼		±0.0（地下室底板）黄海高程		6.10(3.70)(m)		
基础位置	《岩土工程勘察报告》中 (13-2) ~ (13-2)' 剖面 (T134) 孔位向东 4.5 (m)						
土层代号	土层名称	层顶高程(m)	土层厚度(m)	重度 γ (kN/m³)	孔隙比 e	液性指数 I_L	承载力特征值 f_{ak}(kPa)	压缩模量 E_S(MPa)
①	杂填土	3.85	0.70	19.6	—	—	—	—
②	粉质粘土	3.15	1.40	18.9	0.897	0.70	100	5.83
③	淤泥质粉质粘土	1.75	—	18.0	1.087	1.19	70	3.64

解：②号土层是粉质粘土，属于粘性土。孔隙比 $e=0.897>0.85$，查表 4-3，取基础宽度的地基承载力修正系数 $\eta_b=0$，基础埋深的地基承载力修正系数 $\eta_d=1.0$；③号土层是淤泥质粉质粘土，取埋深修正系数 $\eta_d=1.0$。

持力层修正后的地基承载力特征值：

$$f_a = f_{ak} + \eta_b \gamma (b-3) + \eta_d \gamma_m (d-0.5)$$
$$= 100 + 0 \times 18.9 \times (4.9-3) + 1.0 \times 19.6 \times (0.7-0.5)$$
$$= 103.9 \text{kPa}$$

下卧层顶面以上土的加权平均重度 $\gamma_m = (19.6 \times 0.7 + 18.9 \times 1.4)/(0.7+1.40) = 19.13 \text{ kN/m}^3$

下卧层经深度修正后的地基承载力特征值：
$$f_{az} = f_{ak} + \eta_d \gamma_m (d+z-0.5)$$
$$= 70 + 1.0 \times 19.13 \times (0.7+1.4-0.5) = 100.6 \text{kPa}$$

[**例 4-2**] 1 台 QTZ40 塔机基础处的地质情况见表 4-8，设计该基础的换填垫层。

1 台 QTZ40 塔机基础的地质情况　　　　表 4-8

工程名称	某住宅小区 11 号住宅楼		±0.0(地下室底板)黄海高程			21.70(19.50)(m)		
基础位置	《岩土工程勘察报告》中　8-8′剖面(J55)孔位附近							
土层代号	土层名称	层顶高程 (m)	土层厚度 (m)	含水率 w_0 (%)	重度 γ (kN/m³)	孔隙比 e	液性指数 I_L	承载力特征值 f_{ak}(kPa)	压缩模量 E_S(MPa)
①-1	杂填土	17.30	0.60	—	—	—	—	—	—
①-2	素填土	16.70	1.80	—	—	—	—	—	—
②	粉质粘土	14.90	4.60	29.8	18.6	0.859	0.78	120	5.14
③	淤泥质粉质粘土	10.30	—	38.4	17.6	1.105	1.43	70	3.23

解：该地基的①-1、①-2 土层都不适合作为基础的持力层，如果以②号土层作为塔机基础的持力层，②号土层顶面至现场地面的高差达 2.40m，塔机基础的积水问题将难以处理，因此采用换填垫层作为基础的持力层，②号土层是下卧层。

经计算，基础底面尺寸 4.9m×4.9m，非工作状态时，基础底面的平均压力值 $p_k = 41.8 \text{kPa}$，基础底面边缘的最大压力值 $p_{kmax} = 105.4 \text{kPa}$。

(1) 换填材料取用本工程山地开挖出来的粉质粘土,就地取材节约资源。

(2) 经分层夯实处理,要求压实系数 λ_c 不小于0.94。

(3) 根据表4-5,垫层承载力特征值 $f_{ak}=130\text{kPa}$,大于基础底面最大压力值 $p_{k\max}=105.4\text{kPa}$,满足要求。

(4) 垫层厚度根据需置换软弱土的深度确定,$z=1.30\text{m}$。

(5) 复核下卧层(②号土层)的承载力:

取垫层压力扩散角 $\theta=6°$,垫层顶面以上土的加权平均重度 $\gamma_m=13.5\text{kN/m}^3$,垫层顶面至天然地面的高度 $d=1.1\text{m}$,换填垫层土的重度 $\gamma=19\text{kN/m}^3$。

由于②号土层的孔隙比 $e=0.859>0.85$,因此取埋深修正系数 $\eta_d=1.0$

垫层顶面处土的自重压力值 $p_c=\gamma_m d=13.5\times1.1=14.85\text{kPa}$

垫层底面处的附加压力值

$$p_z=\frac{b^2(p_k-p_c)}{(b+2z\tan\theta)^2}=\frac{4.9^2\times(41.8-14.85)}{(4.9+2\times1.3\times\tan6°)^2}=24.2\text{kPa}$$

垫层底面处土的自重压力值 $p_{cz}=\gamma z=19\times1.30=24.7\text{kPa}$

②号土层顶面以上土的加权平均重度

$$\gamma_m=\frac{13.5\times1.1+19\times1.3}{1.1+1.3}=16.5\text{kN/m}^3$$

②号土层经深度修正后的地基承载力特征值:

$f_{az}=f_{ak}+\eta_d\gamma_m(d+z-0.5)$

$\quad=120+1.0\times16.5\times(1.1+1.3-0.5)=151.4\text{kPa}$

$p_z+p_{cz}=24.2+24.7=48.9\text{kPa}<f_{az}=151.4\text{kPa}$,满足要求。

(6) 垫层底面宽度 $b'\geq b+2z\tan\theta=4.90+2\times1.30\times\tan6°=5.17\text{m}$,取 $b'=5.20\text{m}$

(7) 垫层顶面宽度 $=4.90+2\times0.30=5.50\text{m}$。

5 板式基础的设计计算

板式基础按边长比不同，分为方形板式基础和矩形板式基础。

塔式起重机是全方位转动的起重机械，作用于基础顶面的力矩荷载和水平荷载方向随着起重臂的转动而变化。方形板式基础四边相等，其四面受力状况相同，是矩形板式基础中的特例，目前所用的板式基础绝大部分为方形基础。

受施工现场场地条件限制无法容纳方形基础时，可设计为矩形基础。矩形板式基础的长边与短边长度之比不宜大于2。

卧置于地基上的板式基础应满足构造要求，并且应验算基础的抗倾覆稳定性、地基承载力、正截面受弯承载力和受抗冲切承载力。

5.1 构造要求

1. 基础高度应满足塔机预埋件的抗拔要求，且不宜小于1000mm，不宜采用锥形基础或阶梯形基础。

2. 基础的混凝土强度不应低于C25，垫层混凝土强度等级不应低于C10，混凝土垫层厚度不宜小于100mm。

3. 基础表层和底层的纵向受力钢筋直径不应小于12mm，间距不应大于200mm，也不宜小于100mm。纵向受力钢筋的长度可取基础边长的0.9倍，按图5-1所示交错布置。底层受拉钢筋的最小配筋率不应小于0.15%。

4. 表层和底层主筋之间应用竖向钢筋连接，钢筋间距不应大于500mm。

5. 有基础垫层时，混凝土保护层的厚度不小于40mm；无基础垫层时，混凝土保护层的厚度不小于70mm。

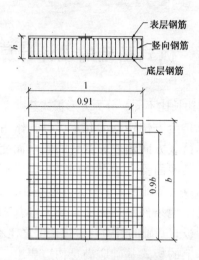

图5-1 板式基础钢筋配置图

6. 预埋于基础中的地脚螺栓或预埋节，应按塔机使用说明书中规定的钢材品牌、尺寸、强度级别制造。地脚螺栓安放于基础混凝土中不得偏斜，位置尺寸和伸出基础表面的长度尺寸必须符合厂家基础图中的要求。

5.2 抗倾覆稳定性

计算作用于基础顶面的荷载时，已按最不利工况对荷载进行了组合，因此塔机基础的抗倾覆稳定性按单向偏心荷载计算。基础受力情况如图5-2所示。抗倾覆稳定性是塔机基础安全的最重要指标，偏心距应满足公式（5-1）的要求。

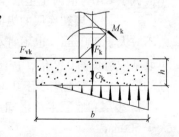

图5-2 塔机基础受力示意

$$e = \frac{M_k + F_{vk} \cdot h}{F_k + G_k} \leq \frac{b}{4} \tag{5-1}$$

$$G_k = 25blh \tag{5-2}$$

式中 e——偏心距，即地基反力合力的作用点至基础中心的距离（m）；

M_k——相应于荷载效应标准组合时，作用于基础顶面的力矩荷载标准值（kN·m）；

F_{vk}——相应于荷载效应标准组合时，作用于基础顶面的水平荷载标准值（kN）；

F_k——相应于荷载效应标准组合时，作用于基础顶面的竖向荷载标准值（kN）；

G_k——基础自重荷载标准值（kN）；

b——基础底面短边的长度（m）；

l——基础底面长边的长度，当为方形基础时，$l = b$（m）；

h——基础高度（m）。

5.3 持力层地基承载力

塔机基础受偏心荷载作用。当偏心距 $e \leq b/6$ 时，基础底面压力计算示意如图 5-3（a）所示，全部底面积承受正压力；当偏心距 $b/6 < e \leq b/4$ 时，基础底面受力情况如图 5-3（b）所示，3/4 以上的底面积承受正压力（图中阴影部分），不足 1/4 的底面积承受零压力。

基础底面处的平均压力值应符合公式（5-3）要求；当偏心距 $e \leq b/6$ 时，基础底面最大压力值按公式（5-4）计算；当偏心距 $e > b/6$ 时，基础底面最大压力值按公式（5-6）计算。当为矩形基础时，长边和短边两个方向的底面最大压力值均应符合公式（5-4）或（5-6）的要求。

$$p_k = \frac{F_k + G_k}{bl} \leq f_a \tag{5-3}$$

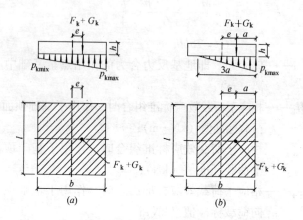

图5-3 基础底面压力计算示意
（a）$e \leq b/6$ 时；（b）$b/6 < e \leq b/4$ 时

当 $e \leq b/6$ 时：$p_{kmax} = p_k + \dfrac{M_k + F_{vk} \cdot h}{W} \leq 1.2 f_a$ （5-4）

$$W = \dfrac{1}{6} b^2 l \quad (5\text{-}5)$$

当 $e > b/6$ 时：$p_{kmax} = \dfrac{2(F_k + G_k)}{3 ba} \leq 1.2 f_a$ （5-6）

$$a = \dfrac{b}{2} - e \quad (5\text{-}7)$$

式中 p_k——相应于荷载效应标准组合时，基础底面处的平均压力值（kPa）；

p_{kmax}——相应于荷载效应标准组合时，基础底面边缘处的最大压力值（kPa）；

f_a——修正后的地基承载力特征值，按公式（4-1）计算（kPa）；

W——基础底面的抵抗矩（m^3）；

a——地基反力合力作用点至基础底面最大压力边缘的距离（m）。

5.4 下卧层地基承载力

当基础持力层下面存在软弱下卧层时,应验算下卧层的地基承载力。下卧层承载力计算如图5-4所示,应满足公式(5-8)要求。

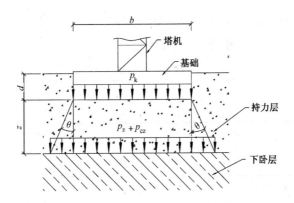

图5-4 下卧层承载力计算示意

$$p_z + p_{cz} \leqslant f_{az} \tag{5-8}$$

$$p_z = \frac{lb(p_k - p_c)}{(l + 2Z\tan\theta)(b + 2Z\tan\theta)} \tag{5-9}$$

$$p_c = \gamma_m d \tag{5-10}$$

$$p_{cz} = \gamma z \tag{5-11}$$

式中 p_z——相应于荷载效应标准组合时,软弱下卧层顶面处的附加压力值(kPa);

p_c——基础底面处土的自重压力值(kPa);

p_{cz}——下卧层顶面处土的自重压力值(kPa);

Z——持力层的厚度,即基础底面至下卧层顶面的距离(m);

θ——持力层的地基压力扩散角,按表5-1取用;

d——基础埋置深度,基础四周埋置深度不同时,按埋置深度较浅的一侧计算(m);

γ——基础底面以下土的重度,地下水位以下取浮重度(kN/m^3);

γ_m——基础底面以上土的加权平均重度,地下水位以下取浮重度(kN/m^3);

f_{az}——软弱下卧层顶面处经深度修正后地基承载力特征值,按公式(4-2)计算(kPa)。

地基压力扩散角 θ　　　　　　　　　表5-1

E_{s1}/E_{s2}	z/b	
	0.25	0.50
3	6°	23°
5	10°	25°
10	20°	30°

注:1. E_{s1}为上层土压缩模量;E_{s2}为下层土压缩模量;
　　2. $z/b<0.25$时取$\theta=0°$;$z/b>0.50$时θ值不变。

5.5　正截面受弯承载力计算

基础中纵向受力钢筋的配置量按正截面受弯承载力计算。

图5-5为塔身边缘Ⅰ—Ⅰ截面弯矩计算示意,在图中阴影部分地基反力的作用下,Ⅰ—Ⅰ截面的底部受拉,上部受压,弯矩值最大,Ⅰ—Ⅰ截面的弯矩值M_I是计算基础底层钢筋量的依据,按公式(5-12)计算。

$$M_I = \frac{1}{4}ls^2\left(p_{kmax} + p_I - \frac{2G_k}{bl}\right) \quad (5-12)$$

$$s = (b - b_T)/2 \quad (5-13)$$

当$e \leq b/6$时:$p_I = \dfrac{b-s}{b}(p_{kmax} - p_{kmin}) + p_{kmin}$　　(5-14)

当 $e > b/6$ 时：$p_I = \dfrac{3a-s}{3a} p_{kmax}$ (5-15)

式中　M_I——相应于荷载效应标准组合时，扣除基础自重，地基反力对 I—I 截面的作用弯矩（kN·m）；

s——I—I 截面至基础最大压力边缘的距离（m）；

p_{kmax}、p_{kmin}——相应于荷载效应标准组合时，基础底面边缘的最大、最小压力值（kPa）；

p_I——I—I 截面处的地基反力（kPa）；

b_T——塔身基础节横截面的边长（m）。

I—I 截面的正截面受弯承载力的计算如图 5-6 所示。当为矩形基础时，长边和短边两个方向的正截面受弯承载力应分别计算。由于基础宽度尺寸 b 相对较大，混凝土受压区高度 $x < 2a_s'$，I—I 截面的正截面受弯承载力按公式（5-16）计算。

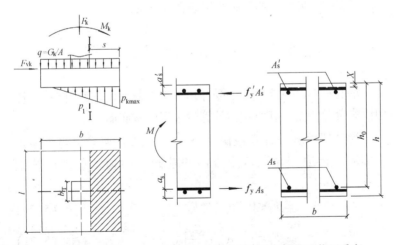

图 5-5　I—I 截面弯矩计算示意　　图 5-6　矩形截面受弯构件正截面受弯承载力计算

$$M \leq f_y A_s (h - a_s - a_s')$$ (5-16)

$$M = \gamma M_{\mathrm{I}} \tag{5-17}$$

$$a_s = c + 1.5d \tag{5-18}$$

$$a'_s = c' + 1.5d' \tag{5-19}$$

式中 M——相应于荷载效应基本组合时，Ⅰ—Ⅰ截面弯矩设计值（kN·m）；

γ——由标准组合转化为基本组合的分项系数，取1.35；

f_y——普通钢筋抗拉强度设计值，按附录3中附表3-2选用（N/mm²）；

A_s——底层普通受拉钢筋的截面面积（mm²）；

h——混凝土基础高度（m）；

a_s、a'_s——底层受拉钢筋合力点、表层受压钢筋合力点至截面近边缘的距离（mm）；

c、c'——底层钢筋、表层钢筋的混凝土保护层厚度（mm）；

d、d'——底层钢筋、表层钢筋直径（mm）。

5.6 受冲切承载力计算

塔身柱与基础交接处的受冲切承载力截面位置见图5-7，图中阴影部分为受冲切承载力计算时取用的基底面积。

受冲切承载力计算应满足公式（5-20）要求。当为矩形基础时，长边和短边两个方向的基础受冲切承载力应分别计算。

$$F_l \leqslant 0.7\beta_{\mathrm{hp}}f_t b_m h_0 \tag{5-20}$$

$$F_l = \gamma\left(p_{\mathrm{kmax}} - \frac{G_k}{bl}\right)A_l \tag{5-21}$$

荷载效应作用于 x 轴方向，图5-7（a）中阴影面积 ABCD：

$$A_l = \frac{1}{4}(b^2 - b_b^2) \tag{5-22}$$

荷载效应作用于 y 轴方向，图5-7（b）中阴影面积 ABCDEF：

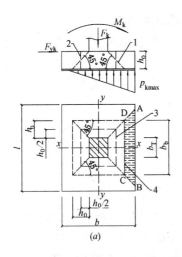
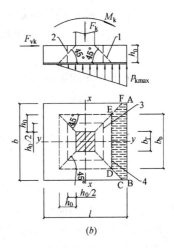

图 5-7 受冲切承载力截面位置

1—冲切破坏锥体最不利一侧的斜截面；2—临界截面；
3—临界截面的周长；4—冲切破坏锥体的底面线

$$A_l = \frac{1}{4}(2lb - b^2 - b_b^2) \quad (5\text{-}23)$$

$$b_m = \frac{b_T + b_b}{2} = b_T + h_0 \quad (5\text{-}24)$$

式中　F_l——相应于荷载效应基本组合时，作用在 A_l 上的地基土净反力设计值（kN）；

β_{hp}——截面高度影响系数，当 $h \leqslant 800$mm 时，取 $\beta_{hp} = 1.0$；当 $h \geqslant 2000$mm 时，取 $\beta_{hp} = 0.9$；其间按公式 $\beta_{hp} = 0.9 + (2000 - h)/12000$ 计算；

f_t——混凝土轴心抗拉强度设计值，按附录 3 中附表 3-1 选用（N/mm²）；

b_m——冲切破坏锥体最不利一侧计算长度（mm）；

h_0——基础冲切破坏锥体的有效高度（mm）；

γ——由标准组合转化为基本组合的分项系数，取 1.35；

p_{kmax}——相应于荷载效应标准组合时，基础底面边缘的最大压力值（kPa）；

A_l——冲切验算时取用的部分基底面积（m²）；
b_T——冲切破坏锥体最不利一侧斜截面的上边长，取塔身横截面边长（mm）；
b_b——冲切破坏锥体最不利一侧斜截面的下边长，取 b_T 加两倍基础有效高度（mm）。

5.7 计算例题

[例5-1] 1台QTZ40塔机，塔身横截面边长 $b_T = 1.40\text{m}$。作用于基础顶面的荷载见表5-2。根据例4-1的计算结果，持力层修正后的地基承载力特征值 $f_a = 103.92\text{kPa}$，下卧层经深度修正后的承载力特征值 $f_{az} = 100.61\text{kPa}$。设计一个卧置于地基上的方形板式基础。

1台QTZ40塔机作用于基础顶面的荷载　　　　表5-2

	力矩荷载 M_k（kN·m）	竖向荷载 F_k（kN）	水平荷载 F_{vk}（kN）
工作状态	783.2	282.6	15.8
非工作状态	1090.1	250.3	60.2

解：设基础尺寸 $b = 4.9\text{m}$，$h = 1.2\text{m}$。

（1）抗倾覆稳定性

由于非工作状态的力矩荷载值和水平荷载值大于工作状态，竖向荷载值小于工作状态，其抗倾覆稳定性相对较差，因此本例题按非工作状态的荷载值计算，工作状态的计算结果可查阅第11章中表11-1设计计算书样本。

基础重力标准值 $G_k = 25b^2h = 25 \times 4.9 \times 4.9 \times 1.2 = 720.3\text{kN}$

偏心距 $e = \dfrac{M_k + F_{kv} \cdot h}{F_k + G_k} = \dfrac{1090.1 + 60.2 \times 1.2}{250.3 + 720.3} = 1.198\text{m} < \dfrac{b}{4}$
$= 1.225\text{m}$，满足要求。

（2）持力层地基承载力的计算

基础底面处平均压力值：

$$p_k = \frac{F_k + G_k}{b^2} = \frac{250.3 + 720.3}{4.9 \times 4.9} = 40.42\text{kPa} < f_a = 103.92\text{kPa},$$

满足要求。

由于偏心距 $e = 1.198\text{m} > \frac{1}{6} \times 4.9 = 0.817\text{m}$，按公式（5-6）计算基础底面边缘的最大压力值。

地基反力合力作用点至基础底面最大压力边缘距离

$$a = \frac{b}{2} - e = \frac{4.9}{2} - 1.198 = 1.252\text{m}$$

基础底面边缘最大压力值：

$$p_{k\max} = \frac{2(F_k + G_k)}{3ba} = \frac{2 \times (250.3 + 720.3)}{3 \times 4.9 \times 1.252}$$

$= 105.44\text{kPa} < 1.2f_a = 124.70\text{kPa}$，满足要求。

（3）下卧层地基承载力的计算

基础埋置深度 $d = 0.7\text{m}$，持力层厚度 $z = 1.4\text{m}$，基础底面以下土的重度 $\gamma = 18.9\text{kN/m}^3$，基础底面以上土的加权平均重度 $\gamma_m = 19.6\text{kN/m}^3$。

基础底面处土的自重压力值

$$p_c = \gamma_m d = 19.6 \times 0.7 = 13.72\text{kPa}$$

下卧层顶面处的附加压力值

$$p_z = \frac{b^2(p_k - p_c)}{(b + 2z\tan\theta)^2} = \frac{4.9^2 \times (40.42 - 13.72)}{(4.9 + 2 \times 1.4 \times \tan 6°)^2} = 23.76\text{kPa}$$

下卧层顶面处土的自重压力值

$$p_{cz} = \gamma z = 18.9 \times 1.4 = 26.46\text{kPa}$$

$p_z + p_{cz} = 23.76 + 26.46 = 50.22\text{kPa} < f_{az} = 100.61\text{kPa}$，满足要求。

（4）正截面受弯承载力计算

设底层单向钢筋 26φ20，表层单向钢筋 26φ14，热轧 HRB335

钢，$f_y = 300\text{N/mm}^2$，混凝土保护层厚度 $c = c' = 70\text{mm}$，四周 50mm。

纵向钢筋间距 $= (4900 - 50 \times 2)/(26 - 1) = 192\text{mm} < 200\text{mm}$，满足构造要求。

$$\alpha_s = c + 1.5d = 70 + 1.5 \times 20 = 100\text{mm}$$
$$\alpha'_s = c' + 1.5d' = 70 + 1.5 \times 14 = 91\text{mm}$$

查附录 3 中附表 3-4，底层单向钢筋 26φ20，$A_s = 8168\text{mm}^2$

配筋率 $\rho = \dfrac{A_s}{b(h - a_s)} \times 100\% = \dfrac{8168}{4900 \times (1200 - 100)} \times 100\%$
$= 0.15\%$，满足构造要求。

Ⅰ—Ⅰ 截面至基础最大压力边缘的距离
$s = (b - b_T)/2 = (4.9 - 1.4)/2 = 1.75\text{m}$

Ⅰ—Ⅰ 截面处的地基反力
$$p_\text{I} = \frac{3a - s}{3a} p_{k\max} = \frac{3 \times 1.252 - 1.75}{3 \times 1.252} \times 105.44 = 56.33\text{kPa}$$

相应于荷载效应标准组合时，扣除基础自重，地基反力对 Ⅰ—Ⅰ 截面的作用弯矩：

$$M_\text{I} = \frac{1}{4} bs^2 \left(p_{k\max} + p_\text{I} - \frac{2G_k}{b^2} \right)$$
$$= \frac{1}{4} \times 4.9 \times 1.75^2 \times \left(105.44 + 56.33 - \frac{2 \times 720.3}{4.9^2} \right)$$
$$= 382\text{kN} \cdot \text{m}$$

Ⅰ—Ⅰ 截面弯矩设计值 $M = \gamma M_\text{I} = 1.35 \times 382 = 515.4\text{kN} \cdot \text{m}$
$M = 515.4\text{kN} \cdot \text{m} < f_y A_s (h - a_s - a'_s) = 300 \times 8168 \times (1200 - 100 - 91) \times 10^{-6} = 2472\text{kN} \cdot \text{m}$，满足要求。

(5) 受冲切承载力计算

基础混凝土强度等级 C25，混凝土轴心抗拉强度设计值 $f_t = 1.27\text{N/mm}^2$

截面高度影响系数 $\beta_{hp} = 0.9 + (2000 - 1200)/12000 = 0.967$

基础冲切破坏锥体的有效高度

$h_0 = h - a_s = 1200 - 100 = 1100 \text{mm}$

冲切破坏锥体最不利一侧计算长度

$b_m = b_T + h_0 = 1400 + 1100 = 2500 \text{mm}$

冲切破坏锥体最不利一侧斜截面的下边长

$b_b = b_T + 2h_0 = 1400 + 2 \times 1100 = 3600 \text{mm}$

冲切验算时取用的部分基底面积

$A_l = \frac{1}{4}(b^2 - b_b^2) = \frac{1}{4}(4.9^2 - 3.6^2) = 2.76 \text{m}^2$

地基土净反力设计值

$F_l = \gamma \left(p_{k\max} - \frac{G_k}{b^2} \right) A_l = 1.35 \times \left(105.44 - \frac{720.3}{4.9^2} \right) \times 2.76$

$\quad = 281.3 \text{kN}$

$F_l = 281.3 \text{kN} < 0.7 \beta_{hp} f_t b_m h = 0.7 \times 0.967 \times 1.27 \times 2500 \times 1100 \times 10^{-3} = 2363 \text{kN}$,满足要求。

[**例 5-2**] 受施工现场场地条件限制,无法容纳例 5-1 中的方形基础,设计一个矩形板式基础。

解:设基础尺寸 $b \times l \times h = 4.3 \text{m} \times 6.5 \text{m} \times 1.2 \text{m}$。基础中钢筋直径不变,纵向钢筋数量分别为 $n_b = 23$、$n_l = 34$。按非工作状态的荷载值计算。

(1) 抗倾覆稳定性

基础重力标准值 $G_k = 25blh = 25 \times 4.3 \times 6.5 \times 1.2 = 838.5 \text{kN}$

偏心距 $e = \dfrac{M_k + F_{kv} \cdot h}{F_k + G_k} = \dfrac{1090.1 + 60.2 \times 1.2}{250.3 + 838.5}$

$\quad = 1.068 \text{m} < \dfrac{b}{4} = 1.075 \text{m}$,满足要求。

(2) 持力层地基承载力计算

基础底面处平均压力值:

$p_k = \dfrac{F_k + G_k}{bl} = \dfrac{250.3 + 838.5}{4.3 \times 6.5} = 38.96 \text{kPa} < f_a = 103.92 \text{kPa}$,

满足要求。

①荷载效应作用于基础短边方向时：

偏心距 $e = 1.068\mathrm{m} > \dfrac{1}{6} \times 4.3 = 0.717\mathrm{m}$，按公式（5-6）计算基础底面边缘的最大压力值。

地基反力合力作用点至基础底面最大压力边缘距离

$$a = \dfrac{b}{2} - e = \dfrac{4.3}{2} - 1.068 = 1.082\mathrm{m}$$

基础底面边缘最大压力值：

$$p_{k\max} = \dfrac{2(F_k + G_k)}{3la} = \dfrac{2 \times (250.3 + 838.5)}{3 \times 6.5 \times 1.082}$$

$= 103.17\mathrm{kPa} < 1.2f_a = 124.70\mathrm{kPa}$，满足要求。

②荷载效应作用于基础长边方向时：

偏心距 $e = 1.068\mathrm{m} < \dfrac{1}{6} \times 6.5 = 1.083\mathrm{m}$，按公式（5-4）计算基础底面边缘的最大压力值。

基础底面抵抗矩 $W = \dfrac{1}{6}bl^2 = \dfrac{1}{6} \times 4.3 \times 6.5^2 = 30.28\mathrm{m}^3$

基础底面边缘最大压力值：

$$p_{k\max} = p_k + \dfrac{M_k + F_{vk} \cdot h}{W} = 38.96 + \dfrac{1090.1 + 60.2 \times 1.2}{30.28}$$

$= 77.34\mathrm{kPa} < 1.2f_a = 124.70\mathrm{kPa}$，满足要求。

（3）下卧层地基承载力计算

基础底面处土的自重压力值

$$p_c = \gamma_m d = 19.6 \times 0.7 = 13.72\mathrm{kPa}$$

下卧层顶面处的附加压力值：

$$p_z = \dfrac{bl(p_k - p_c)}{(b + 2z\tan\theta)(l + 2z\tan\theta)}$$

$$= \dfrac{4.3 \times 6.5 \times (38.96 - 13.72)}{(4.3 + 2 \times 1.4 \times \tan 6°)(6.5 + 2 \times 1.4 \times \tan 6°)}$$

$= 22.60\mathrm{kPa}$

下卧层顶面处土的自重压力值

$p_{cz} = \gamma z = 18.9 \times 1.4 = 26.46 \text{kPa}$

$p_z + p_{cz} = 22.60 + 26.46 = 49.06 \text{kPa} < f_{az} = 100.61 \text{kPa}$，满足要求。

（4）正截面受弯承载力计算

基础长边方向纵向钢筋间距 $= (6500 - 50 \times 2)/(34 - 1) = 194 \text{mm} < 200 \text{mm}$，满足构造要求；

基础短边方向纵向钢筋间距 $= (4300 - 50 \times 2)/(23 - 1) = 191 \text{mm} < 200 \text{mm}$，满足构造要求。

$a_s = c + 1.5d = 70 + 1.5 \times 20 = 100 \text{mm}$

$a'_s = c' + 1.5d' = 70 + 1.5 \times 14 = 91 \text{mm}$

查附录3中附表3-4，$34\phi 20$，$A_s = 10681 \text{mm}^2$；$23\phi 20$，$A_s = 7226 \text{mm}^2$

配筋率 $\rho = \dfrac{A_s}{l(h - a_s)} \times 100\% = \dfrac{10681}{6500 \times (1200 - 100)} \times 100\%$

$= 0.15\%$，满足构造要求；

配筋率 $\rho = \dfrac{A_s}{b(h - a_s)} \times 100\% = \dfrac{7226}{4300 \times (1200 - 100)} \times 100\%$

$= 0.15\%$，满足构造要求。

①荷载效应作用于基础短边方向时：

Ⅰ—Ⅰ截面至基础最大压力边缘的距离 $s = (b - b_T)/2 = (4.3 - 1.4)/2 = 1.45 \text{m}$

Ⅰ—Ⅰ截面处的地基净反力

$p_Ⅰ = \dfrac{3a - s}{3a} p_{kmax} = \dfrac{3 \times 1.082 - 1.45}{3 \times 1.082} \times 103.17 = 57.10 \text{kPa}$

相应于荷载效应标准组合时，扣除基础自重，地基反力对Ⅰ—Ⅰ截面的作用弯矩：

$M_Ⅰ = \dfrac{1}{4} ls^2 \left(p_{kmax} + p_Ⅰ - \dfrac{2G_k}{bl} \right)$

$= \dfrac{1}{4} \times 6.5 \times 1.45^2 \times \left(103.17 + 57.10 - \dfrac{2 \times 838.5}{4.3 \times 6.5} \right)$

$= 342.6 \text{kN} \cdot \text{m}$

I—I截面弯矩设计值 $M = \gamma M_\mathrm{I} = 1.35 \times 342.6 = 462.5 \mathrm{kN \cdot m}$

$M = 462.5 \mathrm{kN \cdot m} < f_y A_s (h - a_s - a'_s) = 300 \times 10681 \times (1200 - 100 - 91) \times 10^{-6} = 3233 \mathrm{kN \cdot m}$,满足要求。

②荷载效应作用于基础长边方向时：

I—I 截面至基础最大压力边缘的距离 $s = (l - b_T)/2 = (6.5 - 1.4)/2 = 2.55 \mathrm{m}$

基础底面边缘最小压力值

$$p_{k\min} = p_k - \frac{M_k + F_{vk} \cdot h}{W} = 38.96 - \frac{1090.1 + 60.2 \times 1.2}{30.28}$$

$$= 0.57 \mathrm{kPa}$$

I—I 截面处的地基反力：

$$p_\mathrm{I} = \frac{l-s}{l}(p_{k\max} - p_{k\min}) + p_{k\min}$$

$$= \frac{6.5 - 2.55}{6.5}(77.34 - 0.57) + 0.57 = 47.22 \mathrm{kPa}$$

扣除基础自重，地基反力对 I—I 截面的作用弯矩：

$$M_\mathrm{I} = \frac{1}{4} b s^2 \left(p_{k\max} + p_\mathrm{I} - \frac{2 G_k}{bl} \right)$$

$$= \frac{1}{4} \times 4.3 \times 2.55^2 \times \left(77.34 + 47.22 - \frac{2 \times 838.5}{4.3 \times 6.5} \right)$$

$$= 452.8 \mathrm{kN \cdot m}$$

I—I截面弯矩设计值 $M = \gamma M_\mathrm{I} = 1.35 \times 452.8 = 611.3 \mathrm{kN \cdot m}$

$M = 611.3 \mathrm{kN \cdot m} < f_y A_s (h - a_s - a'_s) = 300 \times 7226 \times (1200 - 100 - 91) \times 10^{-6} = 2187 \mathrm{kN \cdot m}$,满足要求。

(5) 受冲切承载力计算

基础混凝土强度等级 C25,混凝土轴心抗拉强度设计值 $f_t = 1.27 \mathrm{N/mm^2}$

截面高度影响系数

$$\beta_{hp} = 0.9 + (2000 - 1200)/12000 = 0.967$$

基础冲切破坏锥体的有效高度

$h_0 = h - a_s = 1200 - 100 = 1100 \text{mm}$

冲切破坏锥体最不利一侧计算长度

$b_m = b_T + h_0 = 1400 + 1100 = 2500 \text{mm}$

冲切破坏锥体最不利一侧斜截面的下边长

$b_b = b_T + 2h_0 = 1400 + 2 \times 1100 = 3600 \text{mm}$

①荷载效应作用于基础短边方向时：

冲切验算时取用的部分基底面积

$A_l = \frac{1}{4}(b^2 - b_b^2) = \frac{1}{4}(4.3^2 - 3.6^2) = 1.38 \text{m}^2$

地基土净反力设计值

$F_l = \gamma \left(p_{kmax} - \frac{G_k}{bl} \right) A_l = 1.35 \times \left(103.17 - \frac{838.5}{4.3 \times 6.5} \right) \times 1.38$

$= 107.9 \text{kN}$

$F_l = 107.9 \text{kN} < 0.7 \beta_{hp} f_t b_m h_0 = 0.7 \times 0.967 \times 1.27 \times 2500 \times 1100$

$\times 10^{-3} = 2363 \text{kN}$，满足要求。

②荷载效应作用于基础长边方向时：

冲切验算时取用的部分基底面积：

$A_l = \frac{1}{4}(2bl - b^2 - b_b^2) = \frac{1}{4}(2 \times 4.3 \times 6.5 - 4.3^2 - 3.6^2)$

$= 6.11 \text{m}^2$

地基土净反力设计值

$F_l = \gamma \left(p_{kmax} - \frac{G_k}{bl} \right) A_l$

$= 1.35 \times \left(77.34 - \frac{838.5}{4.3 \times 6.5} \right) \times 6.11 = 390.7 \text{kN}$

$F_l = 390.7 \text{kN} < 0.7 \beta_{hp} f_t b_m h_0 = 0.7 \times 0.967 \times 1.27 \times 2500 \times 1100$

$\times 10^{-3} = 2363 \text{kN}$，满足要求。

6 十字形基础的设计计算

一些中小型塔机基础采用十字形基础形式,如图6-1所示。

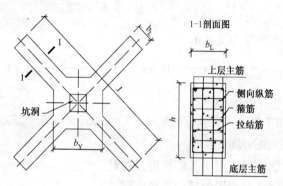

图6-1 十字形基础外形及钢筋配置

由于十字形基础与地基的接触面积比板式基础小,对地基的压力值较大,当地基承载力特征值$f_{ak} \geqslant 200kPa$时,十字形基础比方形板式基础节省材料;当$f_{ak} < 200kPa$时,不宜采用十字形基础。

设计十字形基础时,基础应满足构造要求,并应验算基础的抗倾覆稳定性、地基承载力、正截面受弯承载力和斜截面承载力。

6.1 构造要求

1. 十字形基础2根梁的长度、截面尺寸、钢筋配置相同,互相交叉于梁中点,梁间夹角必须是90°,否则塔机的十字形底架将无法安装。梁节点处采用加腋构造。有些十字形底架的塔机，需要在基础顶面中心处预留坑洞，以满足十字形底架安装工艺的要求。坑洞的大小和深度按厂家基础图中的尺寸为准。

2. 基础高度应满足塔机预埋件的抗拔要求，且不宜小于1000mm。

3. 基础的混凝土强度不应低于C25，垫层混凝土强度等级不应低于C10，混凝土垫层厚度不宜小于100mm。

4. 基础钢筋的配置应符合梁式配筋的要求，主筋直径不应小于12mm；箍筋直径不应小于8mm，拉结筋直径不应小于6mm，且间距不应大于200mm，受拉钢筋的最小配筋率不应小于0.20%。侧向构造纵向筋的直径不应小于10mm，且间距不应大于200mm。

5. 有基础垫层时，钢筋保护层的厚度不小于40mm；无基础垫层时，钢筋保护层的厚度不小于70mm。

6. 预埋于基础中的地脚螺栓，应按塔机使用说明书中规定的钢材品牌、尺寸、强度级别制造，安放于基础混凝土中不得偏斜，位置尺寸和伸出基础表面的长度尺寸必须符合厂家基础图中的尺寸要求。

6.2 抗倾覆稳定性

十字形基础的竖向荷载由全部基础承受，力矩荷载和水平荷载按其中任一条形基础纵向作用计算。任一条形基础的计算面积含梁间加腋部分，见图6-2中的阴影部分。基础的抗倾覆稳定性应满足公式（6-1）的要求。

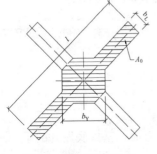

图6-2 任一条基础的计算面积 A_0

$$e = \frac{M_k + F_{vk} \cdot h}{G_0} \leqslant \frac{l}{4} \quad (6\text{-}1)$$

$$G_0 = \frac{A_0}{A}(F_k + G_k) \quad (6\text{-}2)$$

$$A_0 = b_L l - \sqrt{2} b_L b_Y + b_Y^2 \tag{6-3}$$

$$A = 2b_L l - b_Y^2 + (b_L^2 - \sqrt{2}b_L)^2 \tag{6-4}$$

式中 e——偏心距,即地基反力合力作用点至基础中心的距离(m);

M_k——相应于荷载效应标准组合时,作用于基础顶面的力矩荷载标准值(kN·m);

F_{vk}——相应于荷载效应标准组合时,作用于基础顶面的水平荷载标准值(kN);

F_k——相应于荷载效应标准组合时,作用于基础顶面的竖向荷载标准值(kN);

G_k——基础自重荷载标准值(kN);

G_0——作用于基础条形加腋部分的竖向荷载值(kN);

A_0——基础任一条形加腋部分的底面积(m²);

A——十字形基础的全部底面积,(m²);

$l、b_L、b_Y、h$——分别为十字形基础的梁长、梁宽、腋对边尺寸和基础高度(m)。

6.3 持力层地基承载力

塔机基础底面处的平均压力值应满足公式(6-5)的要求,基础底面边缘处的最大压力值应满足(6-6)的要求:

$$p_k = \frac{F_k + G_k}{A} \leqslant f_a \tag{6-5}$$

$$p_{kmax} = \frac{2G_0}{3b_L a} \leqslant 1.2 f_a \tag{6-6}$$

$$a = \frac{l}{2} - e \tag{6-7}$$

式中 p_k——相应于荷载效应标准组合时,基础底面处的平均压力值(kPa);

p_{kmax}——相应于荷载效应标准组合时,基础底面边缘处的最大压力值（kPa）；

f_a——修正后的地基承载力特征值，按公式（4-1）计算（kPa）；

a——合力作用点至梁底面最大压力边缘的距离（m）。

6.4 下卧层地基承载力

十字形基础下卧层地基承载力按条形基础验算，应满足公式（6-8）要求：

$$p_z + p_{cz} \leq f_{az} \tag{6-8}$$

$$p_z = \frac{b_L(p_k - p_c)}{b_L + 2Z\tan\theta} \tag{6-9}$$

$$p_c = \gamma_m d \tag{6-10}$$

$$p_{cz} = \gamma z \tag{6-11}$$

式中 p_z——相应于荷载效应标准组合时，下卧层顶面处的附加压力值（kPa）；

p_{cz}——下卧层顶面处土的自重压力值（kPa）；

f_{az}——下卧层顶面处经深度修正后地基承载力特征值，按公式（4-2）计算（kPa）；

p_c——基础底面处土的自重压力值（kPa）；

γ——基础底面以下土的重度，地下水位以下取浮重度（kN/m³）；

γ_m——基础底面以上土的加权平均重度，地下水位以下取浮重度（kN/m³）；

d——基础埋置深度（m）；

Z——持力层厚度，即基础底面至下卧层顶面的距离（m）。

6.5 正截面受弯承载力计算

图6-3为塔身柱边缘Ⅰ—Ⅰ截面弯矩计算示意。Ⅰ—Ⅰ截

面的底部受拉,上部受压,弯矩值最大,是计算基础钢筋配置量的依据,按公式(6-12)计算。

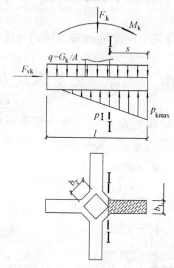

图6-3 Ⅰ—Ⅰ截面弯矩计算示意

$$M_{\mathrm{I}} = \frac{1}{4}b_{\mathrm{L}}s^2\left(p_{\mathrm{kmax}} + p_{\mathrm{I}} - \frac{2G_{\mathrm{k}}}{A}\right) \tag{6-12}$$

$$s = (l - \sqrt{2}b_{\mathrm{T}})/2 \tag{6-13}$$

当 $e \leqslant l/6$ 时:

$$p_{\mathrm{I}} = \frac{l-s}{l}(p_{\mathrm{kmax}} - p_{\mathrm{kmin}}) + p_{\mathrm{kmin}} \tag{6-14}$$

当 $e > l/6$ 时:

$$p_{\mathrm{I}} = \frac{3a-s}{3a}p_{\mathrm{kmax}} \tag{6-15}$$

式中 M_{I}——相应于荷载效应标准组合时,扣除基础自重,地基反力对Ⅰ—Ⅰ截面的作用弯矩(kN·m);

s——塔身柱Ⅰ—Ⅰ截面至基础底面最大压力边缘的距离(m);

p_I——I—I 截面处的地基反力（kPa）；

b_T——塔身横截面的边长（m）。

I—I 截面受弯承载力计算应符合公式（6-16）要求。

$$M \leqslant f_y A_s (h - a_s - a_s') \quad (6\text{-}16)$$

$$M = \gamma M_I \quad (6\text{-}17)$$

$$a_s = c + 0.5d \quad (6\text{-}18)$$

$$a_s' = c' + 0.5d' \quad (6\text{-}19)$$

式中 M——相应于荷载效应基本组合时，I—I 截面弯矩设计值（kN·m）；

γ——由标准组合转化为基本组合的分项系数，取 1.35；

f_y——普通钢筋抗拉强度设计值，按附录 3 中附表 3-2 取用（N/mm²）；

A_s——I—I 截面中，梁底层纵向受拉钢筋截面面积，（mm²）；

a_s、a_s'——底层受拉钢筋合力点、表层受压钢筋合力点至截面近边缘的距离（mm）；

c、c'——底层钢筋、表层钢筋的混凝土保护层厚度（mm）；

d、d'——底层钢筋、表层钢筋直径（mm）。

6.6 斜截面承载力计算

当十字形基础梁斜截面上的最大剪力设计值满足公式（6-20）时，梁中箍筋按构造要求配置。

$$V \leqslant 0.7 \beta_h f_t b_L h_0 \quad (6\text{-}20)$$

$$V = \frac{1}{2}\gamma \left(p_{kmax} + p_I - \frac{2G_k}{A} \right) b_L s \quad (6\text{-}21)$$

$$\beta_h = \left(\frac{800}{h_0} \right)^{1/4} \quad (6\text{-}22)$$

式中 V——构件斜截面上的最大剪力设计值（kN）；

β_h——截面高度影响系数：当 $h_0 < 800\text{mm}$ 时，取 $h_0 = 800\text{mm}$；当 $h_0 > 2000\text{mm}$ 时，取 $h_0 = 2000\text{mm}$；

f_t——混凝土轴心抗拉强度设计值，按附录3中附表3-1取用。

6.7 计算例题

[**例6-1**] 1台QTZ40塔机，塔身横截面边长 $b_T = 1.40\text{m}$，作用于基础顶面的荷载数据与例5-1同（表5-2）。地基情况见表6-1。设计一个十字形基础。

某住宅小区⑤号楼塔机基础位置处的地基情况　　表6-1

工程名称	某住宅小区⑤号住宅楼		±0.0（地下室底板）黄海高程				21.60（19.40）(m)	
基础位置	《岩土工程勘察报告》中（10）—（10）'剖面（K141）孔位附近							
土层代号	土层名称	层顶高程(m)	土层厚度(m)	含水率 w_0（%）	重度 γ (kN/m³)	孔隙比 e	液性指数 I_L	承载力特征值 f_{ak}（kPa）	压缩模量 E_S（MPa）
④	粉质粘土	21.83	6.60	24.9	19.4	0.724	0.36	220	7.87
⑤	粉质粘土	15.23	6.30	28.4	18.7	0.824	0.68	140	5.81

解：设基础尺寸：$l = 7.2\text{m}$，$b_L = 0.85\text{m}$，$b_Y = 3.4\text{m}$，$h = 1.3\text{m}$。基础底标高（黄海高程）20.30m，④号土层是持力层，⑤号土层是下卧层。混凝土强度等级C25，梁中纵向受力钢筋选用HRB335钢，底层钢筋 $7\phi20$，表层钢筋 $7\phi14$，混凝土保护层厚度 c、$c' = 70\text{mm}$。

按非工作状态计算；工作状态的计算结果，可查阅第11章中表11-2设计计算书样本。

(1) 抗倾覆稳定性计算

基础条形加腋部分的底面积：

$$A_0 = b_L l - \sqrt{2} b_L b_Y + b_Y^2 = 0.85 \times 7.2 - \sqrt{2} \times 0.85 \times 3.4 + 3.4^2 = 13.59\text{m}^2$$

基础全部底面积：
$$A = 2b_L l - b_L^2 + (b_Y - \sqrt{2}b_L)^2 = 2 \times 0.85 \times 7.2 - 0.85^2$$
$$+ (3.4 - \sqrt{2} \times 0.85)^2 = 16.35 \text{m}^2$$

基础重力 $G_k = 25Ah = 25 \times 16.35 \times 1.3 = 531.32 \text{kN}$

条形加腋部分竖向荷载
$$G_0 = \frac{A_0}{A}(F_k + G_k) = \frac{13.59}{16.35} \times (250.30 + 531.32) = 649.88 \text{kN}$$

偏心距 $e = \dfrac{M_k + F_{vk} \cdot h}{G_0} = \dfrac{1090.1 + 60.2 \times 1.3}{649.88} = 1.798\text{m} < \dfrac{1}{4}l$
$= 1.80\text{m}$，满足要求。

（2）持力层地基承载力计算

查表 4-3，基础底面宽度地基承载力修正系数 $\eta_b = 0.3$，基础埋深的地基承载力修正系数 $\eta_d = 1.6$。

基础埋置深度 $d = 21.83 - 20.30 = 1.53\text{m}$

修正后的地基承载力特征值（当基宽小于 3m 时按 $b = 3$m 取值）：
$$f_a = f_{ak} + \eta_b \gamma (b - 3) + \eta_b \gamma_m (d - 0.5)$$
$$= 220 + 0.3 \times 19.4 \times (3 - 3) + 1.6 \times 19.4 \times (1.53 - 0.5)$$
$$= 252.0 \text{kPa}$$

基础底面处的平均压力值：
$$p_k = \frac{F_k + G_k}{A} = \frac{250.3 + 531.32}{16.35} = 47.8 \text{kPa} < f_a = 252.0 \text{kPa}，满足要求。$$

合力作用点至梁端最大压力边缘的距离
$$a = \frac{1}{2} - e = \frac{7.2}{2} - 1.798 = 1.802 \text{m}$$

基础底面边缘的最大压力值：
$$p_{k\max} = \frac{2G_0}{3b_L a} = \frac{2 \times 649.88}{3 \times 0.85 \times 1.802} = 282.8 \text{kPa} < 1.2 f_a$$
$$= 1.2 \times 252.0 = 302.4 \text{kPa}，满足要求。$$

(3) 下卧层地基承载力计算

查表 4-3，地基承载力深度修正系数 $\eta_d = 1.6$，取持力层的地基压力扩散角 $\theta = 23°$。

基础底面处土的自重压力值
$$p_c = \gamma_m d = 19.4 \times 1.53 = 29.7\text{kPa}$$

下卧层顶面处的附加压力值
$$p_z = \frac{b_L(p_k - p_c)}{b_L + 2Z\tan\theta} = \frac{0.85 \times (47.8 - 29.7)}{0.85 + 2 \times 5.07 \times \tan 23°} = 3.0\text{kPa}$$

持力层厚度 $z = 20.3 - 15.23 = 5.07\text{m}$

下卧层顶面处土的自重压力值 $p_{cz} = \gamma z = 19.4 \times 5.07 = 98.4\text{kPa}$

经深度修正后下卧层的地基承载力特征值：
$$\begin{aligned}f_{az} &= f_{ak} + \eta_d \gamma_m (d + z - 0.5)\\ &= 140 + 1.6 \times 19.4 \times (1.53 + 5.07 - 0.5)\\ &= 329.3\text{kPa}\end{aligned}$$

$p_z + p_{cz} = 3.0 + 98.4 = 101.4 < f_{az} = 329.3\text{kPa}$，满足要求。

(4) 正截面受弯承载力计算
$$a_s = c + 0.5d = 70 + 0.5 \times 20 = 80\text{mm}$$
$$a'_s = c' + 0.5d' = 70 + 0.5 \times 14 = 77\text{mm}$$

查附录 3 中附表 3-2 和附表 3-4，$f_y = 300\text{N/mm}^2$，底层钢筋 $7\phi 20$，$A_s = 2199\text{mm}^2$

$$\text{配筋率}\, \rho = \frac{A_s}{b_L(h - a_s)} \times 100\% = \frac{2199}{850 \times (1300 - 80)} \times 100\%$$
$$= 0.21\% > 0.20\%，\text{满足要求。}$$

Ⅰ—Ⅰ 截面至梁端距离
$$s = (l - \sqrt{2}b_T)/2 = (7.2 - \sqrt{2} \times 1.4)/2 = 2.61\text{m}$$

Ⅰ—Ⅰ 截面处的地基净反力
$$p_I = \frac{3a - s}{3a} p_{k\max} = \frac{3 \times 1.802 - 2.61}{3 \times 1.802} \times 282.83 = 146.29\text{kPa}$$

相应于荷载效应标准组合时，地基反力对Ⅰ—Ⅰ截面的作用弯矩：

$$M_{\mathrm{I}} = \frac{1}{4}\left(p_{k\max} + p_{\mathrm{I}} - \frac{2G_k}{A}\right)b_L s^2$$

$$= \frac{1}{4} \times \left(282.83 + 146.29 - \frac{2 \times 531.32}{16.35}\right) \times 0.85 \times 2.61^2$$

$$= 527 \text{kPa}$$

Ⅰ—Ⅰ截面弯矩设计值 $M = \gamma M_{\mathrm{I}} = 1.35 \times 527 = 711.6 \text{kN} \cdot \text{m}$

$M = 711.6 \text{kN} \cdot \text{m} < f_y A_s (h - a_s - a_s') = 300 \times 2199 \times (1300 - 80 - 76) \times 10^{-6} = 754 \text{kN} \cdot \text{m}$，满足要求。

按构造要求配置 4 肢箍筋 $\phi 8@200\text{mm}$，如图 6-4 所示。基础加腋处顶面与底面均配置水平构造筋，$\phi 12@200\text{mm}$、竖向构造筋 $\phi 8@200\text{mm}$。

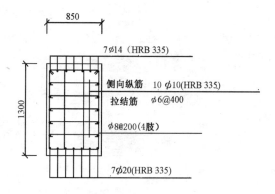

图 6-4 例 6-1 中钢筋配置

(5) 斜截面承载力计算

混凝土等级为 C25，查附录 3 中附表 3-1，$f_t = 1.27 \text{N/mm}^2$。
截面高度影响系数

$$\beta_h = \left(\frac{800}{h_0}\right)^{1/4} = \left(\frac{800}{1300 - 80}\right)^{1/4} = 0.900$$

最大剪力设计值：

$$V = \frac{1}{2}\gamma \left(p_{\text{kmax}} + p_{\text{I}} - \frac{2G_k}{A} \right) b_L s$$

$$= \frac{1}{2} \times 1.35 \times \left(282.83 + 146.29 - \frac{2 \times 531.32}{16.35} \right) \times 0.85 \times 2.61$$

$$= 545.3 \text{kN}$$

$V = 545.3\text{kN} < 0.7\beta_h f_t b h_0 = 0.7 \times 0.9 \times 1.27 \times 850 \times (1300 - 80) \times 10^{-3} = 829.6\text{kN}$,满足要求。

7 梁板式基础的设计计算

第 5 章和第 6 章分别介绍了板式基础和十字形基础的设计计算方法。板式基础与地基的接触面积大，对地基的压力值小，耗用的材料较多；十字形基础耗用的材料少，但对地基的压力值大，不适用于承载力差的地基。把两种基础的优点结合起来，可以做成梁板式基础，用回填土的重力代替部分钢筋混凝土的重力，则既可保证安全，又可节省钢筋混凝土用量，符合我国节能减排的长远国策。

7.1 构造要求

梁板式基础的形状如图 7-1 所示，底板做成正方形，上部做成十字梁形，梁的底层筋和箍筋伸入到底板中，梁、板混凝土同

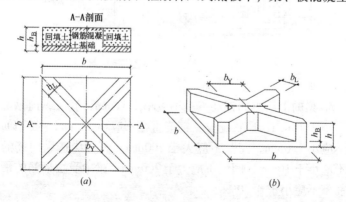

图 7-1 梁板式基础
(a) 投影图；(a) 轴测图

时浇筑形成整体,梁板之间不仅可以承受压力也可承受拉力。

1. 两根梁之间的夹角成90°,节点处采用加腋构造。

2. 基础高度应满足塔机预埋件的抗拔要求,且不宜小于1000mm。40t·m及以下塔机的基础,底板厚度(h_B)不宜小于200mm;40t·m以上塔机的基础,底板厚度不宜小于300mm。

3. 基础的混凝土强度等级不低于C25,垫层混凝土强度等级不低于C10,混凝土垫层厚度不宜小于100mm。

4. 基础的配筋方法如图7-2所示。底板中纵向受力钢筋直径不应小于10mm,间距不应大于200mm,也不宜小于100mm,长度可取基础边长的0.9倍交错布置。底板钢筋的配筋率不应小于0.15%。

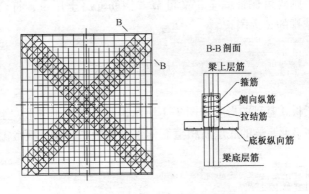

图7-2 梁板式基础配筋图

5. 梁的上层纵向钢筋直径不应小于12mm,底层纵向钢筋直径不小于18mm,通长配置;箍筋直径不应小于8mm,拉结筋直径不应小于6mm,间距不应大于200mm;侧向构造纵向筋的直径不应小于10mm,间距不应大于200mm;梁中受拉钢筋的最小配筋率不应小于0.20%。

6. 有基础垫层时,钢筋保护层的厚度不小于40mm;无基础垫层时,钢筋保护层的厚度不小于70mm。

7. 预埋于基础中的地脚螺栓或预埋节,应按塔机使用说明书中规定的钢材品牌、尺寸、强度级别制造。地脚螺栓安放于基础混凝土中不得偏斜，位置尺寸和伸出基础表面的长度尺寸必须符合厂家基础图中的尺寸要求。

8. 对需要在基础顶面中心处预留坑洞的基础，坑洞的大小和深度按厂家基础图中的尺寸为准，以满足塔机十字形底架安装工艺的要求。

9. 十字梁之间回填土并夯实处理，回填土的重力是基础重力的一部分。

7.2 抗倾覆稳定性

梁板式基础的底面形状是正方形，抗倾覆稳定性的计算方法与方形板式基础同，按公式（7-1）计算，基础重力由基础混凝土和梁间回填土两部分的重力组成。

$$e = \frac{M_k + F_{vk} \cdot h}{F_k + G_k} \leqslant \frac{b}{4} \quad (7-1)$$

$$G_k = G_{k1} + G_{k2} = 25V_1 + \gamma V_2 \quad (7-2)$$

$$V_1 = b^2 h_B + b_y^2(h - h_B) + 2\sqrt{2} b_L (b - b_y)(h - h_B) \quad (7-3)$$

$$V_2 = b^2 h - V_1 \quad (7-4)$$

式中　　e——偏心距，即地基反力合力作用点至基础中心的距离（m）；

M_k——相应于荷载效应标准组合时，作用于基础顶面的力矩荷载标准值（kN·m）；

F_{vk}——相应于荷载效应标准组合时，作用于基础顶面的水平荷载标准值（kN）；

F_k——相应于荷载效应标准组合时，作用于基础顶面的竖向荷载标准值（kN）；

G_k——基础及梁间回填土的重力标准值（kN）；

G_{k1}——混凝土基础的重力标准值（kN）；

G_{k2}——梁间回填土的重力标准值（kN）；

γ——梁间回填土的重力密度，根据回填土的种类和压实程度，在 12～16kN/m³ 范围内取值；

b、b_L、b_y、h、h_B——分别为基础的底面边长、梁宽、腋对边尺寸、高度、底板厚度(m)。

7.3 持力层地基承载力

基础底面处的平均压力值应满足公式（7-5）的要求，最大压力值应满足（7-6）或（7-8）的要求：

$$p_k = \frac{F_k + G_k}{b^2} \leq f_a \tag{7-5}$$

当 $e \leq b/6$ 时：
$$p_{kmax} = p_k + \frac{M_k + F_{vk} \cdot h}{W} \leq 1.2 f_a \tag{7-6}$$

$$W = \frac{1}{6} b^3 \tag{7-7}$$

当 $e > b/6$ 时：
$$p_{kmax} = \frac{2(F_k + G_k)}{3ba} \leq 1.2 f_a \tag{7-8}$$

$$a = \frac{b}{2} - e \tag{7-9}$$

式中 p_k——相应于荷载效应标准组合时，基础底面处的平均压力值（kPa）；

p_{kmax}——相应于荷载效应标准组合时，基础底面边缘的最大压力值（kPa）；

f_a——修正后的地基承载力特征值，按公式（4-1）计算（kPa）；

W——基础底面的抵抗矩（m³）；

a——合力作用点至基础底面最大压力边缘的距离（m）。

7.4 下卧层地基承载力

持力层下存在软弱下卧层时，应验算下卧层的地基承载力，按公式（7-10）验算：

$$p_z + p_{cz} \leq f_{az} \quad (7\text{-}10)$$

$$p_z = \frac{b^2(p_k - p_c)}{(b + 2Z\tan\theta)^2} \quad (7\text{-}11)$$

$$p_c = \gamma_m d \quad (7\text{-}12)$$

$$p_{cz} = \gamma Z \quad (7\text{-}13)$$

式中 p_z——相应于荷载效应标准组合时，软弱下卧层顶面处的附加压力值（kPa）；

p_{cz}——软弱下卧层顶面处土的自重压力值（kPa）；

f_{az}——软弱下卧层顶面处经深度修正后地基承载力特征值，按公式（4-2）计算（kPa）；

p_c——基础底面处土的自重压力值（kPa）；

γ——基础底面以下土的重度，地下水位以下取浮重度（kN/m³）；

γ_m——基础底面以上土的加权平均重度，地下水位以下取浮重度（kN/m³）；

d——基础埋置深度（m）；

Z——持力层厚度，即基础底面至下卧层顶面的距离（m）。

7.5 正截面受弯承载力计算

Ⅰ—Ⅰ截面的弯矩计算如图7-3所示，在图中阴影部分地基反力的作用下，塔身边缘Ⅰ—Ⅰ截面处的底部受拉，上部受压，弯矩值最大，Ⅰ—Ⅰ截面的弯矩值 M_I 是计算基础底层钢筋量的依据，按公式（7-14）计算。

$$M_I = \frac{1}{4}bs^2\left(p_{kmax} + p_I - \frac{2G_k}{b^2}\right) \quad (7\text{-}14)$$

$$s = (b - b_T)/2 \quad (7\text{-}15)$$

当 $e \leq b/6$ 时：$p_I = \frac{b-s}{b}(p_{kmax} - p_{kmin}) + p_{kmin} \quad (7\text{-}16)$

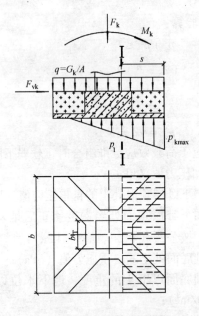

图 7-3 弯矩计算简图

当 $e > b/6$ 时:
$$p_{\mathrm{I}} = \frac{3a-s}{3a} p_{k\max} \quad (7\text{-}17)$$

式中 M_{I} ——相应于荷载效应标准组合时，地基反力对Ⅰ—Ⅰ截面的作用弯矩（kN·m）；

s ——Ⅰ—Ⅰ截面至基础近边缘的距离（m）；

$p_{k\max}$、$p_{k\min}$ ——相应于荷载效应标准组合时，基础底面边缘的最大、最小压力值（kPa）；

p_{I} ——Ⅰ—Ⅰ截面处的地基净反力（kPa）；

b_{T} ——塔身横截面的边长（m）。

基础受拉钢筋计算面积由板中纵向钢筋 A_{s1} 和梁中底层钢筋 A_{s2} 两部分组成。由于梁筋的方向与Ⅰ—Ⅰ截面成 45°夹角，梁中底层钢筋面积按 $\sqrt{2} A_{s2}$ 计算。

Ⅰ—Ⅰ截面受弯承载力计算应符合公式（7-18）要求。

$$M \leqslant f_y A_s (h - a_s - a'_s) \quad (7\text{-}18)$$

$$M = \gamma M_{\mathrm{I}} \tag{7-19}$$

$$A_s = A_{s1} + \sqrt{2}A_{s2} \tag{7-20}$$

$$a_s = \frac{A_{s1}(c+1.5d_1) + \sqrt{2}A_{s2}(c+2d_1+d_4+0.5d_2)}{A_s} \tag{7-21}$$

$$a'_s = c' + 0.5d_3 \tag{7-22}$$

式中　　M——相应于荷载效应基本组合时，Ⅰ—Ⅰ截面弯矩设计值（kN·m）；

γ——由标准组合转化为基本组合的分项系数，取 1.35；

f_y——普通钢筋的抗拉强度设计值，查附录 3 中附表 3-2（N/mm²）；

A_s——受拉钢筋计算面积（mm²）；

A_{s1}——底板中单向钢筋计算面积（mm²）；

A_{s2}——一根梁中底层受拉钢筋面积（mm²）；

h——混凝土基础高度（m）；

a_s、a'_s——底层受拉钢筋合力点、表层受压钢筋合力点至截面近边缘的距离（mm）；

c、c'——板底层钢筋、梁表层钢筋的混凝土保护层厚度（mm）；

d_1、d_2、d_3、d_4——分别为底板钢筋直径、梁底层钢筋直径、梁表层钢筋直径、梁中箍筋直径(mm)。

7.6　底板冲切承载力计算

梁板式基础底板的厚度相对于基础高度较薄，应对底板抗冲切强度进行计算。底板冲切计算如图 7-4 所示，受冲切承载力应满足公式（7-23）要求。

$$F_l \leq 0.7\beta_{hp}f_t u_m h_{B0} \tag{7-23}$$

$$h_{B0} = h_B - c - 1.5d_1 \tag{7-24}$$

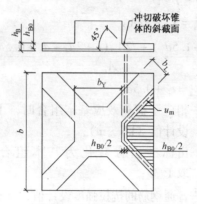

图 7-4 底板冲切计算示意

$$u_m = \sqrt{2}(b - b_Y - b_L - 2h_{B0}) + b_y + h_{B0} \quad (7-25)$$

$$F_l = \gamma\left(p_{kmax} - \frac{G_k}{b^2}\right)A_l \quad (7-26)$$

$$A_l = \frac{1}{4}(b - b_Y - 2h_{B0})(b + b_Y - 2\sqrt{2}b_L + 2h_{B0} - 4\sqrt{2}h_{B0}) \quad (7-27)$$

式中 F_l——作用在冲切计算面积上的地基反力设计值（kN）；

A_l——冲切计算面积（图 7-4 中阴影部分）（m²）；

β_{hp}——底板截面高度影响系数，当 $h_B \leqslant 800mm$ 时，取 $\beta_{hp} = 1.0$；

f_t——混凝土轴心抗拉强度设计值，按附录 3 中附表 3-1 取值（N/mm²）；

u_m——距基础梁边 $h_{B0}/2$ 处冲切临界截面的周长（mm）；

h_{B0}——底板有效高度（mm）。

7.7 计算例题

[例 7-1] 1 台 QTZ40 塔机，塔身横截面边长 $b_T = 1.40m$。作用于基础顶面的荷载数据与例 5-1 同（表 5-2）。根据例 4-1

的计算结果,持力层修正后的地基承载力特征值 $f_a = 103.92\text{kPa}$,下卧层经深度修正后的承载力特征值 $f_{az} = 100.61\text{kPa}$。基础底面以下土的重度 $\gamma = 18.9\text{kN/m}^3$,基础底面以上土的加权平均重度 $\gamma_m = 19.6\text{kN/m}^3$,基础埋置深度 $d = 0.7\text{m}$,持力层厚度 $z = 1.4\text{m}$。板中单向钢筋 $26\phi 10$,梁底层纵向钢筋 $6\phi 20$,梁表层纵向钢筋 $6\phi 14$,热轧 HRB335 钢,$f_y = 300\text{N/mm}^2$。箍筋直径 $d_4 = 8\text{mm}$。钢筋保护层厚度 $c = c' = 70\text{mm}$。设计一个梁板式基础。

解:设基础底面边长 $b = 5.1\text{m}$,梁宽 $b_L = 0.7\text{m}$,腋对边尺寸 $b_Y = 1.8\text{m}$,基础高度 $h = 1.3\text{m}$,底板厚度 $h_B = 0.2\text{m}$。梁间回填土的重力密度 $\gamma = 15\text{ kN/m}^3$。

按非工作状态计算,工作状态的计算结果可查阅第 11 章中表 11-3 设计计算书样本。

(1) 抗倾覆稳定计算

基础混凝土体积:

$$V_1 = b^2 h_B + b_Y^2 (h - h_B) + 2\sqrt{2} b_L (b - b_Y)(h - h_B)$$

$$= 5.1^2 \times 0.2 + 1.8^2 \times (1.3 - 0.2) + 2\sqrt{2} \times 0.7$$

$$\times (5.1 - 1.8) \times (1.3 - 0.2) = 15.95\text{m}^3$$

梁间回填土体积 $V_2 = b^2 h - V_1 = 5.1^2 \times 1.3 - 15.95$

$$= 17.86\text{m}^3$$

基础重力 $G_k = 25 V_1 + \gamma V_2 = 25 \times 15.95 + 15 \times 17.86$

$$= 666.7\text{kN}$$

偏心距 $e = \dfrac{M_k + F_{kv} \cdot h}{F_k + G_k} = \dfrac{1090.1 + 60.2 \times 1.3}{250.3 + 666.7}$

$$= 1.274\text{m} < \frac{1}{4}b = 1.275\text{m},满足要求。$$

(2) 持力层地基承载力计算

基础底面处的平均压力值:

$$p_k = \dfrac{F_k + G_k}{b^2} = \dfrac{250.3 + 666.7}{5.1 \times 5.1} = 35.26\text{kPa} < f_a$$

$$= 103.92\text{kPa},满足要求。$$

合力作用点至基础底面最大压力边缘的距离

$$a = \frac{b}{2} - e = \frac{5.1}{2} - 1.274 = 1.276\text{m}$$

由于 $e = 1.274\text{m} > b/6 = 0.850\text{m}$，基础底面边缘最大压力值按公式（7-8）计算：

$$p_{k\max} = \frac{2(F_k + G_k)}{3ba} = \frac{2 \times (250.3 + 666.7)}{3 \times 5.1 \times 1.276} = 93.95\text{kPa} < 1.2f_a = 124.70\text{kPa}，满足要求。$$

（3）下卧层地基承载力计算

基础底面处土的自重压力值

$$P_c = \gamma_m d = 19.6 \times 0.7 = 13.72\text{kPa}$$

软弱下卧层顶面处的附加压力值：

$$p_z = \frac{b^2(p_k - p_c)}{(b + 2z\tan\theta)^2} = \frac{5.1^2 \times (35.26 - 13.72)}{(5.1 + 2 \times 1.4 \times \tan 6°)^2} = 19.25\text{kPa}$$

下卧层顶面处土的自重压力值

$$p_{cz} = \gamma z = 18.9 \times 1.4 = 26.46\text{kPa}$$

$p_z + p_{cz} = 19.25 + 26.46 = 45.71\text{kPa} < f_{az} = 100.61\text{kPa}$，满足要求。

（4）正截面受弯承载力计算

底板钢筋间距 $= (5100 - 100)/(26 - 1) = 200\text{mm}$，满足构造要求。

查附录3中附表3-4，底板钢筋 $26\phi10$，$A_{s1} = 2042\text{mm}^2$，梁底层钢筋 $6\phi20$，$A_{s2} = 1885\text{mm}^2$

底板配筋率：

$$\rho = \frac{A_{s1}}{b(h_B - c - 0.5d_1)} \times 100\%$$

$$= \frac{2042}{5100 \times (200 - 70 - 1.5 \times 10)} \times 100\%$$

$$= 0.35\% > 0.15\%，满足构造要求。$$

梁配筋率：

$$\rho = \frac{A_{s2}}{b_L(h-c-2d_1-d_4-0.5d_2)} \times 100\%$$

$$= \frac{1885}{700 \times (1300-70-2\times 10-8-0.5\times 20)} \times 100\%$$

$$= 0.23\% > 0.20\%,满足构造要求。$$

受拉钢筋计算面积

$$A_s = A_{s1} + \sqrt{2}A_{s2} = 2042 + \sqrt{2} \times 1885 = 4708 \text{mm}^2$$

Ⅰ—Ⅰ截面至基础近边缘的距离

$$s = (b-b_T)/2 = (5.1-1.4)/2 = 1.85\text{m}$$

Ⅰ-Ⅰ截面处的地基净反力

$$p_Ⅰ = \frac{3a-s}{3a}p_{kmax} = \frac{3\times 1.276 - 1.85}{3\times 1.276} \times 93.95 = 48.54 \text{kPa}$$

相应于荷载效应标准组合时，地基反力对Ⅰ—Ⅰ截面的作用弯矩：

$$M_Ⅰ = \frac{1}{4}bs^2\left(p_{kmax} + p_Ⅰ - \frac{2G_k}{b^2}\right)$$

$$= \frac{1}{4} \times 5.1 \times 1.85^2 \times \left(93.95 + 48.54 - \frac{2\times 666.7}{5.1\times 5.1}\right)$$

$$= 398 \text{kN·m}$$

Ⅰ—Ⅰ截面弯矩设计值 $M = \gamma M_Ⅰ = 1.35 \times 398 = 537.4 \text{kN·m}$

梁表层钢筋合力点至截面近边缘的距离

$$a'_s = c_1 + 0.5d_3 = 70 + 0.5\times 14 = 77\text{mm}$$

Ⅰ—Ⅰ截面中，纵向受拉钢筋合力点至截面近边的距离：

$$a_s = \frac{A_{s1}(c+1.5d_1) + \sqrt{2}A_{s2}(c+2d_1+d_4+0.5d_2)}{A_s}$$

$$= \frac{2042\times(70+1.5\times 10) + \sqrt{2}\times 1885\times(70+2\times 10+8+0.5\times 20)}{4708}$$

$$= 98\text{mm}$$

$$f_y A_s(h-a_s-a'_s) = 300\times 4708\times(1300-98-77)\times 10^{-6}$$

$$= 1589 \text{kN·m}$$

$M = 537.4\text{kN·m} < f_y A_s(h-a_s-a'_s) = 1589\text{kN·m}$,满足

要求。

(5) 底板受冲切承载力计算

由于 $h_B \leq 800\text{mm}$,取 $\beta_{hp} = 1.0$

基础的混凝土强度等级 C25,查附录 3 中附表 3-1,$f_t = 1.27\text{N/mm}^2$。

底板有效高度 $h_{B0} = h_B - c - 1.5d_1 = 200 - 70 - 1.5 \times 10$
$\qquad = 115\text{mm}$

临界截面周长:

$$u_m = \sqrt{2}(b - b_Y - b_L - 2h_{B0}) + b_Y + h_{B0}$$
$$\quad = \sqrt{2} \times (5100 - 1800 - 700 - 2 \times 115) + 1800 + 115$$
$$\quad = 5267\text{mm}$$

冲切计算面积:

$$A_l = \frac{1}{4}(b - b_Y - 2h_{B0})(b + b_Y - 2\sqrt{2}b_L + 2h_{B0} - 4\sqrt{2}h_{B0})$$
$$\quad = \frac{1}{4} \times (5100 - 1800 - 2 \times 115) \times (5100 + 1800 - 2\sqrt{2} \times$$
$$\qquad 700 + 2 \times 115 - 4\sqrt{2} \times 115) \times 10^{-6}$$
$$\quad = 3.45\text{m}^2$$

地基反力设计值

$$F_l = \gamma\left(\rho_{kamx} - \frac{G_k}{b^2}\right)A_l = 1.35 \times \left(93.95 - \frac{666.7}{5.1^2}\right) \times 3.45$$
$$\quad = 318.5\text{kN}$$

$0.7\beta_{hp}f_t u_m h_{B0} = 0.7 \times 1.0 \times 1.27 \times 5267 \times 115 \times 10^{-3} = 538.4\text{kN}$

$F_l = 318.5\text{kN} < 0.7\beta_{hp}f_t u_m h_{B0} = 538.4\text{kN}$,满足要求。

(6) 与 [例 5-1] 中方形板式基础材料用量对比

作用于两种基础顶面的荷载数据及地基情况均相同,现比较两种基础的材料用量于表 7-1 中。

通过以上对比可以看出,梁板式基础比方形板式基础节省混凝土量 12.86m^3,钢筋 495kg。按百分比计算,混凝土和钢筋的用量分别是方形板式基础的 55.36% 和 57.91%。因此,推广应用梁板式基础对节约建筑材料,降低施工成本,实现节能减排有一定积极意义。

两种基础材料用量对比表　　　　表 7-1

	方形板式基础	梁板式基础
基础尺寸	$b = 4.9\text{m}$, $h = 1.2\text{m}$	$b = 5.1\text{m}$, $b_L = 0.7\text{m}$, $b_Y = 1.8\text{m}$, $h = 1.3\text{m}$, $h_B = 0.2\text{m}$
钢筋配置	底层筋 $52\phi20 \times 4410$,表层筋 $52\phi14 \times 4410$,竖向筋 $338\phi12 \times 1110$	底板筋 $52\phi10 \times 4590$,梁底层筋 $12\phi20 \times 6810$,梁表层筋 $12\phi14 \times 6810$,梁外侧纵筋 $16\phi10 \times 6610$,箍筋 $112\phi8 \times 3020$,拉结筋 $224\phi6 \times 680$,腋构造筋 $8\phi12 \times 1800$
混凝土量	28.81 m³	15.95 m³
钢筋重量	1176 kg	681kg

8 桩基础的设计计算

8.1 一般规定

1. 当塔机所处位置处的地基土为软弱土层，采用浅基础不能满足塔机对地基承载力和变形要求时；或者建筑物基坑开挖深度较深，塔机基础位于基坑边缘，为防止塔机基础滑坡，应采用桩基础。

2. 桩型可随同工程桩，采用预制混凝土桩、预应力混凝土空心桩、混凝土灌注桩或钢管桩等，在软土中采用挤土桩时，应考虑挤土效应对邻近工程桩的影响。

3. 桩端持力层宜选择中低压缩性的粘性土、中密或密实的砂土或粉土等承载力较高的土层。桩端进入持力层的深度，对于粘性土、粉土不宜小于 $2d$（桩身直径），对于砂土不宜小于 $1.5d$，对于碎石类土不宜小于 $1d$。当存在软弱下卧层时，桩端以下硬持力层厚度不宜小于 $3d$，并应验算下卧层的承载力。

4. 桩基计算应包括桩顶作用效应计算、桩基竖向抗压及抗拔承载力计算、桩身承载力计算、桩承台计算等，可不计算桩基的沉降变形。

5. 桩基础设计应符合现行行业标准《建筑桩基技术规范》JGJ 94 的规定。

6. 当塔机基础位于岩石地基时，必要时可采用岩石锚杆基础。

8.2 构造要求

1. 桩基构造应符合现行行业标准《建筑桩基技术规范》JGJ 94 的规定。桩身和承台的混凝土强度等级不应小于 C25，混凝土预制桩强度等级不应小于 C30，预应力混凝土实心桩的混凝土强度等级不应小于 C40。

2. 基桩应按计算和构造要求配置钢筋。纵向钢筋的最小配筋率，对于灌注桩不宜小于 0.20%～0.65%（小直径桩取高值）；对于预制桩不宜小于 0.80%；对于预应力混凝土空心桩不宜小于 0.45%。纵向钢筋应沿桩周边均匀布置，其净距不宜小于 60mm。非预应力混凝土桩的纵向钢筋不应小于 6Φ12。当基桩属于抗拔桩或端承桩时，应等截面或变截面通长配筋。

3. 箍筋应采用螺旋式，直径不应小于 6mm，间距宜为 200～300mm。桩顶以下 5 倍基桩直径范围内的箍筋间距应加密，间距不应大于 100mm。

4. 灌注桩和预制桩主筋的混凝土保护层厚度不应小于 35mm，水下灌注桩主筋的混凝土保护层厚度不应小于 50mm。

5. 承台宜采用截面高度不变的矩形（通常为方形）板式承台或十字形梁式承台，截面高度不宜小于 1000mm，且应满足塔机基础预埋件摆布的要求。

6. 基桩宜均匀对称布置，且不宜少于 4 根。摩擦型桩的中心距不宜小于桩身直径的 3 倍，边桩中心至承台边缘的距离不应小于桩的直径或截面边长，桩的外边缘至板式承台边缘的距离不应小于 200mm；至十字形承台梁边缘的距离不应小于 75mm。十字形承台的节点处应采用加腋构造。

7. 板式承台上、下面均应根据计算和构造要求双向均匀通长配置钢筋，钢筋直径不应小于 12mm，间距不应大于 200mm，上、下层钢筋之间应设置竖向架立筋，宜沿承台对角线设置暗梁。十字形承台应按两个方向的梁分别配筋，承受正、负弯矩的主筋应按计算配置，箍筋直径不宜小于8mm，间距不宜大于200mm。承台的最小配筋率不应小于0.20%。

8. 基桩直径小于800mm时，基桩嵌入承台的长度不宜小于50mm；基桩直径大于等于800mm时，基桩嵌入承台的长度不宜小于100mm。

9. 基桩主筋伸入承台的锚固长度不应小于35d（主筋直径），对于抗拔桩，桩顶主筋的锚固长度应按现行国家标准《混凝土结构设计规范》GB 50010确定。对于预应力混凝土空心桩和钢管桩，宜采用植于桩芯混凝土不少于6⌀20的主筋锚入承台。预应力混凝土空心桩和钢管桩中的桩芯混凝土长度不应小于2倍桩径，且不应小于1000mm，其强度等级宜比承台的混凝土强度等级提高一级。

10. 预埋于基础中的地脚螺栓或预埋节，应按塔机使用说明书中规定的钢材品牌、尺寸、强度级别制造。地脚螺栓安放于基础混凝土中不得偏斜，位置尺寸和伸出基础表面的长度尺寸必须符合塔机使用说明书基础图中的要求。

8.3 桩基计算

1. 桩顶作用效应

塔机的桩基础通常设置4根或5根基桩，x和y方向的桩间距相同。受施工现场场地条件限制，亦可在x和y方向设置不同的桩间距。桩顶作用效取基桩对角线方向，按公式(8-1)、(8-2)、(8-3)计算。

$$Q_k = \frac{F_k + G_k}{n_z} \tag{8-1}$$

$$Q_{kmax} = Q_k + \frac{M_k + F_{vk}h}{L} \tag{8-2}$$

$$Q_{kmin} = Q_k - \frac{M_k + F_{vk}h}{L} \tag{8-3}$$

$$L = \sqrt{b_{zx}^2 + b_{zy}^2} \qquad (8\text{-}4)$$

式中 Q_k——荷载效应标准组合轴心竖向力作用下,基桩的平均竖向力 (kN);

Q_{kmax}——荷载效应标准组合偏心竖向力作用下,角桩的最大竖向力 (kN);

Q_{kmin}——荷载效应标准组合偏心竖向力作用下,角桩的最小竖向力 (kN);

F_k——荷载效应标准组合时,作用于桩基承台顶面的竖向荷载标准值 (kN);

G_k——桩基承台及其上土的自重标准值,水下部分按浮重度计 (kN);

n_z——桩基中的桩数;

M_k——荷载效应标准组合时,作用于承台顶面的力矩荷载标准值 (kN·m);

F_{vk}——荷载效应标准组合时,作用于承台顶面的水平荷载标准值 (kN);

h——承台的高度 (m);

L——桩基对角线方向两根角桩之间的中心距离 (m);

b_{zx}、b_{zy}——分别为 x 和 y 两个方向边桩之间的中心距离 (m)。

2. 桩基竖向承载力

桩基竖向承载力应符合公式 (8-5)、(8-6) 的要求。

$$Q_k \leqslant R_a \qquad (8\text{-}5)$$

$$Q_{kmax} \leqslant 1.2 R_a \qquad (8\text{-}6)$$

式中 R_a——单桩竖向承载力特征值 (kN)。

3. 单桩竖向承载力特征值

单桩竖向承载力特征值按公式 (8-7) 计算。

$$R_a = \frac{1}{2}(u \sum q_{sik} \cdot l_i + q_{pk} \cdot A_p) \qquad (8\text{-}7)$$

式中 u——桩身截面周长 (m);

q_{sik}——第 i 层岩土桩的极限侧阻力标准值,根据《岩土工程勘察报告》中提供的数据取用；当《岩土工程勘察报告》中未提供时，可根据附录4中附表4-1选取（kPa）；

l_i——第 i 层岩土的厚度，或基桩在第 i 层岩土中的实际长度（m）；

q_{pk}——桩的极限端阻力标准值，根据《岩土工程勘察报告》中提供的数据取用；当《岩土工程勘察报告》中未提供时，可根据桩型在附录4中附表4-2~4选取（kPa）；

A_p——桩底端横截面面积（m²）。

4. 桩的抗拔承载力

当角桩的最小竖向力为负值时，承台对基桩存在向上的拔力，桩的抗拔承载力应符合公式（8-8）的要求。

$$Q'_k = | Q_{kmin} | \leq R'_a \quad (8-8)$$

$$R'_a = \frac{1}{2}u\Sigma\lambda_i q_{sik} l_i + G_p \quad (8-9)$$

式中　Q'_k——按荷载效应标准组合计算的基桩拔力（kN）；

R'_a——单桩竖向抗拔承载力特征值（kN）；

λ_i——抗拔系数，当《岩土工程勘察报告》中未提供，且桩的入土深度不小于6.0m时，可根据土质和桩的入土深度取值，砂土取0.50~0.70，粘性土、粉土取0.70~0.80，桩长 l 与桩径 d 之比小于20时取小值，反之取大值；

G_p——桩身的重力标准值，水下部分按浮重度计（kN）。

5. 桩身承载力

桩身承载力应符合公式（8-10）的要求。

$$Q \leq \psi_c f_c A_{ps} + 0.9 f'_y A'_s \quad (8-10)$$

$$Q = \gamma Q_{kmax} \quad (8-11)$$

式中　Q——荷载效应基本组合下的桩身竖向承载力设计值（kN）；

ψ_c——基桩成桩工艺系数，混凝土预制桩和预应力混凝土空心桩取 0.85；干作业非挤土灌注桩取 0.90；泥浆护壁和套管护壁非挤土灌注桩和挤土灌注桩取 0.70~0.80；软土地区挤土灌注桩取 0.60；

f_c——混凝土轴心抗压强度设计值，根据附录 3 附表 3-1 取值（N/mm²）；

A_{ps}——桩身截面面积（mm²）；

f'_y——纵向主筋抗压强度设计值，根据附录 3 中附表 3-2 取值（N/mm²）；

A'_s——纵向主筋截面面积（mm²）；

γ——由标准组合转化为基本组合的分项系数，取 1.35。

6. 桩身抗拔承载力

桩身抗拔承载力应符合公式（8-12）的要求。

$$Q' \leqslant f_y A_s + f_{py} A_{ps} \tag{8-12}$$

$$Q' = \gamma Q'_k \tag{8-13}$$

式中 Q'——荷载效应基本组合下的桩顶轴向拉力设计值（kN）；

f_y、f_{py}——普通钢筋、预应力钢筋的抗拉强度设计值（N/mm²）；

A_s、A_{ps}——普通钢筋、预应力钢筋的截面面积（mm²）。

8.4 承台计算

桩基承台与卧置于地基上的基础受力情况不同，不宜直接以塔机制造厂家提供的基础图作为桩基承台的施工依据。桩基承台除应满足构造要求外，尚应进行受弯、受剪、受冲切承载力计算。

1. 正截面受弯承载力计算

承台Ⅰ—Ⅰ截面的弯矩计算如图 8-1 所示。应将塔身基础节作用于承台的4根立柱所包围的面积作为柱截面(图8-1中的阴影部分)。当塔机基础节设置有斜撑杆时,可简化为无斜撑杆的结构形式计算。

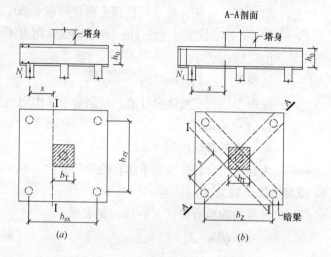

图8-1 承台弯矩值计算示意
(a)不设置暗梁板式承台;(b)设置暗梁板式承台或十字形梁式承台

(1) 不设置暗梁板式承台弯矩值的计算

对于不设置暗梁的4桩或5桩板式承台,弯矩的作用方向取基础的正方向,承台弯矩值的计算截面取塔身基础节边缘 I—I 截面,如图8-1(a)所示。计算截面处的弯矩设计值按公式(8-14)计算。

$$M = 2N_i s \tag{8-14}$$

$$N_i = \gamma \left(\frac{F_k}{n} + \frac{M_k + F_{vk} h}{2 b_z} \right) \tag{8-15}$$

$$s = \frac{1}{2}(b_z - b_T) \tag{8-16}$$

式中 M——计算截面处的弯矩设计值,x、y 两个方向的桩中心距不同时,应按 x、y 两个方向分别计算(kN·m);

N_i——不计承台自重，在荷载效应基本组合下的第 i 桩的竖向反力设计值（kN）；

s——边桩中心至塔身基础节Ⅰ—Ⅰ截面的距离（m）；

b_T——塔身基础节横截面的边长（m）。

（2）设置暗梁板式承台或十字形梁式承台弯矩值的计算

对于设置暗梁的 4 桩或 5 桩板式承台、十字形梁式承台，弯矩作用方向取承台的对角线方向，承台弯矩值的计算截面取塔身基础节柱边Ⅰ—Ⅰ截面，如图 8-1（b）所示。计算截面处的弯矩设计值按公式（8-17）计算。

$$M = N_i s \quad (8-17)$$

$$N_i = \gamma \left(\frac{F_k}{n_z} + \frac{M_k + F_{vk}h}{L} \right) \quad (8-18)$$

$$s = \frac{1}{2}(L - \sqrt{2}b_T) \quad (8-19)$$

式中　s——角桩中心至塔身基础节柱边Ⅰ—Ⅰ截面的距离（m）。

（3）承台正截面受弯承载力应满足公式（8-20）要求。

$$M \leqslant f_y A_s (h - a_s - a'_s) \quad (8-20)$$

式中　f_y——普通钢筋抗拉强度设计值，按附录 3 中附表 3-2 采用（N/mm²）；

A_s——承台底层纵向受拉钢筋截面面积（mm²）；

a_s、a'_s——底层受拉钢筋合力点、表层受压钢筋合力点至截面近边缘的距离（mm）。

2. 斜截面承载力计算

不设置暗梁板式承台斜截面承载力计算如图 8-2（a）所示；设置暗梁板式承台或十字形梁式承台斜截面承载力计算如图 8-2（b）所示。

（1）不设置暗梁板式承台斜截面承载力计算应满足公式（8-21）要求。

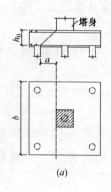
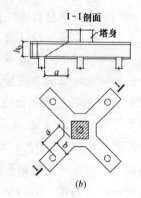

图 8-2 承台斜截面承载力计算示意

(a) 不设置暗梁板式承台；(b) 设置暗梁板式承台或十字形梁式承台

$$V \leqslant \beta_{hs} \alpha f_t b h_0 \quad (8\text{-}21)$$

$$V = \Sigma N_i \quad (8\text{-}22)$$

$$\beta_{hs} = \left(\frac{800}{h_0}\right)^{1/4} \quad (8\text{-}23)$$

$$\alpha = \frac{1.75}{\lambda + 1} \quad (8\text{-}24)$$

式中 V——荷载效应基本组合时，不计承台及其上土重，斜截面的最大剪力设计值 (kN)；

N_i——扣除承台和其上填土自重后的角桩桩顶相应于荷载效应基本组合时的竖向力设计值 (kN)；

β_{hs}——受剪切承载力截面高度影响系数，当 $h_0 < 800\text{mm}$ 时，取 $h_0 = 800\text{mm}$；当 $h_0 > 2000\text{mm}$ 时，取 $h_0 = 2000\text{mm}$；

α——承台剪切系数；

f_t——混凝土轴心抗拉强度设计值，查附录 3 中附表 3-1 取用 (N/mm²)；

λ——计算截面剪跨比，$\lambda = a/h_0$，a 为塔身边至桩内边的水平距离；当 $\lambda < 0.25$ 时，取 $\lambda = 0.25$；当 $\lambda > 3$ 时，取 $\lambda = 3$；

b——承台计算截面处的计算宽度（m）；

h_0——承台有效高度（m）。

（2）设置暗梁板式承台或十字形梁式承台斜截面承载力应满足公式（8-25）要求。

$$V \leqslant \frac{1.75}{\lambda + 1} f_t b h_0 + f_{yv} \frac{A_{sv}}{s} h_0 \qquad (8\text{-}25)$$

$$V = N_i \qquad (8\text{-}26)$$

式中　λ——计算截面剪跨比，$\lambda = a/h_0$，a 为塔身柱边至桩内边的水平距离；当 $\lambda < 1.5$ 时，取 $\lambda = 1.5$；当 $\lambda > 3$ 时，取 $\lambda = 3$；

　　　b——板式承台暗梁的计算宽度，或者十字形承台梁的宽度（mm）；

　　　f_{yv}——箍筋抗拉强度设计值，按附录3中附表3-2中的 f_y 值采用（N/mm²）；

　　　A_{sv}——配置在同一截面内箍筋各肢的全部截面面积（mm²）；

　　　s——沿计算斜截面方向箍筋的间距（mm）。

3. 角桩对承台的冲切承载力计算

板式承台厚度应满足基桩对承台的冲切承载力要求，对位于塔身柱冲切破坏锥体以外的基桩，承台受角桩冲切计算如图8-3所示。冲切承载力按公式（8-27）计算。

$$N_i \leqslant \left[\beta_{1x} \left(c_2 + \frac{a_{1y}}{2} \right) + \beta_{1y} \left(c_1 + \frac{a_{1x}}{2} \right) \right] \beta_{hp} f_t h_0 \qquad (8\text{-}27)$$

$$\beta_{1x} = \frac{0.56}{\lambda_{1x} + 0.2} \qquad (8\text{-}28)$$

$$\beta_{1y} = \frac{0.56}{\lambda_{1y} + 0.2} \qquad (8\text{-}29)$$

$$\beta_{hp} = 0.9 + (2000 - h)/12000 \qquad (8\text{-}30)$$

式中　β_{1x}、β_{1y}——角桩冲切系数；

　　　λ_{1x}、λ_{1y}——角桩冲跨比，其值应满足 0.2~1.0，$\lambda_{1x} = a_{1x}/h_0$，$\lambda_{1y} = a_{1y}/h_0$；

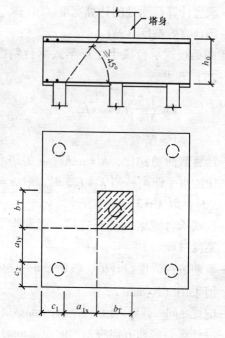

图 8-3 矩形承台角桩冲切计算示意

c_1、c_2——角桩内边缘至承台外边缘的水平距离（m）；

a_{1x}、a_{1y}——从承台底角桩顶内边缘引 45°冲切线与承台顶面相交点至角桩内边缘的水平距离；当塔机塔身柱边位于该 45°线以内时，则取由塔机塔身柱边与桩内边缘连线为冲切锥体的锥线；

β_{hp}——受冲切承载力截面高度影响系数，当 $h \leqslant 800$mm 时，取 $\beta_{hp} = 1.0$；当 $h \geqslant 2000$mm 时，取 $\beta_{hp} = 0.9$；其间按公式（8-30）计算。

8.5 计算例题

[**例 8-1**] 1 台 QTZ40 塔机，塔身截面宽度 $b_T = 1.4$m。作用

于基础顶面的荷载见表 5-2，塔机安装地点的地基情况见表 8-1，按桩基础设计该塔机基础。

塔机安装地点的地基情况　　　　表 8-1

工程名称	某住宅小区 9 号楼	±0.0（地下室底板）黄海高程	7.80（4.50）(m)
基础位置	《岩土工程勘察报告》中 4-4′剖面（11）号孔位附近		
土层代号	土层名称	层顶高程（m）	土层厚度（m）	桩型：泥浆护壁钻孔灌注桩	
				q_{sik} (kPa)	q_{pk} (kPa)
①	素填土	6.68	1.0	—	
②	粉质粘土	5.68	16.3	21	—
③	粉质粘土	-10.62	7.2	60	—
③-1	粉质粘土	-17.82	7.0	23	—
④	泥灰岩全风化带	-24.82	—	100	1600

解：桩型为水下钻孔灌注桩，选用④号土层做桩基持力层，x、y 两个方向的桩间距相同，桩数 $n_L = 4$，桩中心距 $b_z = 3.2$m，承台底标高 $h_z = 5.0$m（黄海高程），桩径 $D_z = 0.5$m，桩长 $l_z = 31.0$m，基桩主筋 HRB335，直径 $d_z = 12$mm，数量 $n = 10$，通长配置。

方形板式承台（不设置暗梁），承台边长 $b = 4.3$m，承台高度 $h = 1.0$m。钢筋 HRB335，底层钢筋直径 $d_c = 22$mm，表层钢筋直径 $d_c' = 16$mm，单层单向钢筋数量 $n_c = 22$，按承台边长通长配置；底面混凝土保护层厚度 $c = 50$mm，顶面混凝土保护层厚度 $c' = 100$mm（基础顶面有一个 50mm 深的安装用方坑）。

按非工作状态计算，工作状态的计算结果见第 11 章中表 11-4 设计计算书样本。

（1）桩基构造要求

桩中心距 $b_z = 3.2$m $> 3 \times 0.5 = 1.5$m，满足要求；

桩底进入④号土层的深度 $l_5 = 31 - [5.0 - (-24.82)] = 31 - 5.0 - 24.82 = 1.18$m $> 2 \times 0.5 = 1.0$m，满足要求；

边桩中心至承台边缘的距离 $=(4.3-3.2)/2=0.55\mathrm{m}>0.5\mathrm{m}$，满足要求；

边桩外边缘至基础边缘的距离 $=(4.3-3.2-0.5)/2=0.3\mathrm{m}>0.20\mathrm{m}$，满足要求。

（2）基桩竖向承载力计算

承台自重标准值 $G_k=25b^2h=25\times4.3^2\times1.0=462.3\mathrm{kN}$

桩顶作用效应按桩基对角线方向计算：

基桩平均竖向力

$$Q_k=\frac{F_k+G_k}{n_z}=\frac{250.3+462.3}{4}=178\mathrm{kN}$$

角桩最大竖向力

$$Q_{kmax}=Q_k+\frac{M_k+F_{vk}h}{\sqrt{2}b_z}=178+\frac{1090.1+60.2\times1.0}{\sqrt{2}\times3.2}=432\mathrm{kN}$$

角桩最小竖向力

$$Q_{kmin}=Q_k-\frac{M_k+F_{vk}h}{\sqrt{2}b_z}=178-\frac{1090.1+60.2\times1.0}{\sqrt{2}\times3.2}=-76\mathrm{kN}$$

桩截面周长 $u=\pi D_z=\pi\times0.5=1.57\mathrm{m}$；

桩底（桩身）截面积 $A_p=\pi D_z^2/4=\pi\times0.5^2/4=0.196\mathrm{m}^2$；

桩在②号土层长度 $l_2=h_z-h_3=5.0-(-10.62)=15.62\mathrm{m}$；

③号土层厚度 $l_3=h_3-h_4=-10.62-(-17.82)=7.2\mathrm{m}$；

③-1号土层厚度 $l_4=h_4-h_5=-17.82-(-24.82)=7.0\mathrm{m}$；

桩端入④号土层长度 $l_5=31-15.62-7.2-7.0=1.18\mathrm{m}$。

单桩竖向承载力特征值：

$$R_a=\frac{1}{2}(u\Sigma q_{sik}\cdot l_i+q_{pk}\cdot A_p)$$

$$=\frac{1}{2}\times[1.57\times(21\times15.62+60\times7.2+23\times7.0+100\times1.18)+1600\times0.196]=973\mathrm{kN}$$

$Q_k=178\mathrm{kN}<R_a=973\mathrm{kN}$，满足要求；

$Q_{kmax}=432\mathrm{kN}<1.2R_a=1.2\times973=1168\mathrm{kN}$，满足要求。

(3)单桩抗拔承载力计算

以上计算结果中,角桩最小竖向力是负值,承台对基桩存在拔力。取抗拔系数 $\lambda_i = 0.80$,桩身重力标准值按浮重度($15kN/m^3$)计。

$$R'_a = \frac{1}{2}u\Sigma\lambda_i q_{sik}l_i + G_p$$

$$= \frac{1}{2} \times 1.57 \times 0.80 \times (21 \times 15.62 + 60 \times 7.2 + 23 \times 7.0$$

$$+ 100 \times 1.18) + 15 \times 0.196 \times 31.0 = 744kN$$

$Q'_k = |Q_{kmin}| = 76kN < R'_a = 744kN$,满足要求。

(4)桩身承载力计算

桩身混凝土强度等级 C25,查附录 3 中附表 3-1,混凝土轴心抗压强度设计值 $f_c = 11.9 \ N/mm^2$;纵向主筋 10Φ12,查附录 3 中附表 3-2 和附表 3-4,$f'_y = 300 \ N/mm^2$,$A'_s = 1131mm^2$;取基桩成桩工艺系数 $\psi_c = 0.7$。

桩身竖向承载力设计值 $Q = \gamma Q_{kmax} = 1.35 \times 432 = 584kN$

桩身承载力:

$$\psi_c f_c A_{ps} + 0.9 f'_y A'_s = (0.70 \times 11.9 \times 0.196 \times 10^6 + 0.9 \times 300$$

$$\times 1131) \times 10^{-3} = 1941kN$$

$Q = 584kN < \psi_c f_c A_{ps} + 0.9 f'_y A'_s = 1941kN$,满足要求。

(5)桩身轴心抗拔承载力计算

$Q' = \gamma Q'_k = 1.35 \times 76 = 103kN < f_y A_s = 300 \times 1131 \times 10^{-3}$
$= 339kN$,满足要求。

(6)承台配筋率

查附录 3 中附表 3-2 和附表 3-4,底层钢筋 22Φ22,$f_y = 300 \ N/mm^2$,$A_s = 8363mm^2$

底层受拉钢筋合力点至截面近边缘的距离

$$a_s = 50 + 1.5 \times 22 = 83mm$$

表层受压钢筋合力点至截面近边缘的距离

$$a'_s = 100 + 1.5 \times 16 = 124mm$$

配筋率 $\rho = \dfrac{A_s}{b(h-a_s)} \times 100\% = \dfrac{8363}{4300 \times (1000-83)} \times 100\%$
$= 0.21\% > 0.20\%$,满足要求。

(7) 承台正截面受弯承载力计算

塔机起重臂指向承台正方向,不计承台自重,边桩的竖向反力设计值:

$$N_i = \gamma \left(\dfrac{F_k}{n_z} + \dfrac{M_k + F_{vk}h}{2b_z} \right) = 1.35 \times \left(\dfrac{250.3}{4} + \dfrac{1090.1 + 60.2 \times 1.0}{2 \times 3.2} \right)$$
$= 327 \text{kN}$

边桩中心线至塔身边缘距离
$$s = (b_Z - b_T)/2 = (3.2 - 1.4)/2 = 0.9 \text{m}$$

计算截面处的弯矩设计值
$$M = 2N_i s = 2 \times 327 \times 0.9 = 589 \text{kN} \cdot \text{m}$$
$M = 589 \text{kN} \cdot \text{m} < f_y A_s (h - a_s - a_s') = 300 \times 8363 \times (1000 - 83 - 124) = 1990 \text{kN} \cdot \text{m}$,满足要求。

(8) 承台斜截面承载力计算

斜截面最大剪力设计值
$$V = 2N_i = 2 \times 327 = 654 \text{kN}$$

承台有效高度 $h_0 = h - a_s = 1000 - 83 = 917 \text{mm}$

截面高度影响系数
$$\beta_{hs} = \left(\dfrac{800}{h_0} \right)^{1/4} = \left(\dfrac{800}{917} \right)^{1/4} = 0.966$$

塔身边缘至桩内边缘的水平距离
$$a = \dfrac{1}{2}(b_Z - b_T - D_Z) = \dfrac{1}{2}(3.2 - 1.4 - 0.5) \times 10^3 = 650 \text{mm}$$

计算截面剪跨比 $\lambda = \dfrac{a}{h_0} = \dfrac{650}{917} = 0.71$

承台剪切系数 $\alpha = \dfrac{1.75}{\lambda + 1} = \dfrac{1.75}{0.71 + 1} = 1.02$

$\beta_{hs} \alpha f_t b h_0 = 0.966 \times 1.02 \times 1.27 \times 4300 \times 917 \times 10^{-3} = 4956 \text{kN}$

$V = 654 \text{kN} < \beta_{hs} \alpha f_t b h_0 = 4956 \text{kN}$,满足要求。

(9) 角桩对承台的冲切承载力计算

按倾覆力矩作用于承台对角线方向,扣除承台自重,计算角桩桩顶竖向力设计值。

$$N_l = \gamma \left(Q_{k\max} - \frac{G_k}{n_z} \right) = 1.35 \times \left(432 - \frac{462.3}{4} \right) = 428 \text{kN}$$

截面高度影响系数 $\beta_{hp} = 0.9 + (2000 - 1000)/12000 = 0.983$

塔身柱边至桩内边缘水平距离

$$a_{1x} = a_{1y} = \frac{1}{2}(b_Z - b_T - d_Z) = \frac{1}{2}(3.2 - 1.4 - 0.5) = 0.65 \text{m}$$

角桩内边缘至承台外边缘的水平距离

$$c_1 = c_2 = \frac{1}{2}(b - b_Z + d_Z) = \frac{1}{2}(4.3 - 3.2 + 0.5) = 0.80 \text{m}$$

角桩冲跨比 $\lambda_{1x} = \lambda_{1y} = \dfrac{a_{1x}}{h_0} = \dfrac{650}{917} = 0.71$

角桩冲切系数 $\beta_{1x} = \beta_{1y} = \dfrac{0.56}{\lambda_{1x} + 0.2} = \dfrac{0.56}{0.71 + 0.2} = 0.616$

$$2\beta_{1x}\left(c_2 + \frac{a_{1y}}{2}\right)\beta_{hp} f_t h_0 = 2 \times 0.616 \times \left(800 + \frac{650}{2}\right)$$
$$\times 0.983 \times 1.27 \times 917 \times 10^{-3} = 1588 \text{kN}$$

$N_l = 428 \text{kN} < 2\beta_{1x}\left(c_2 + \dfrac{a_{1y}}{2}\right)\beta_{hp} f_t h_0 = 1588 \text{kN}$,满足要求。

[例 8-2] 将例 8-1 中 QTZ40 塔机桩基础板式承台设计为十字形梁式承台。

解:设承台梁长 $l = 6.0$m,梁宽 $b_L = 0.7$m,腋对边尺寸 $b_Y = 2.0$m,承台高度 $h = 1.3$m。C25 混凝土,承台底层主筋 4⌀25,表层主筋 4⌀18,箍筋、侧向纵筋、拉结筋、加腋处水平筋、竖向筋均按构造要求配置。桩的技术参数不变。

按非工作状态计算,工作状态的计算结果见第 11 章中表 11-5 设计计算书样本。

(1) 桩基构造要求

桩基尺寸未变,其构造要求不再校核。

桩边缘至十字形承台梁边缘的距离 = (700 - 500)/2 = 100mm > 75mm,满足要求。

(2) 单桩承载力计算

桩顶作用效应按桩基对角线方向计算。

承台底面积

$$A = 2b_L l - b_L^2 + (b_Y - \sqrt{2}b_L)^2$$
$$= 2 \times 0.7 \times 6 - 0.7^2 + (2.0 - \sqrt{2} \times 0.7)^2 = 8.93 \text{m}^2$$

承台重力 $G_k = 25Ah = 25 \times 8.93 \times 1.3 = 290.2 \text{kN}$

基桩平均竖向力

$$Q_k = \frac{F_k + G_k}{n_z} = \frac{250.3 + 290.2}{4} = 135 \text{kN}$$

角桩最大竖向力

$$Q_{kmax} = Q_k + \frac{M_k + F_{vk}h}{\sqrt{2}b_z} = 135 + \frac{1090.1 + 60.2 \times 1.3}{\sqrt{2} \times 3.2}$$
$$= 393 \text{kN}$$

角桩最小竖向力

$$Q_{kmin} = Q_k - \frac{M_k + F_{vk}h}{\sqrt{2}b_z} = 135 - \frac{1090.1 + 60.2 \times 1.3}{\sqrt{2} \times 3.2}$$
$$= -123 \text{kN}$$

单桩竖向承载力特征值

$$R_a = \frac{1}{2}(u\Sigma q_{sik} \cdot l_i + q_{pk} \cdot A_p) = 973 \text{kN}(计算过程见例 8-1)$$

$Q_k = 135 \text{kN} < R_a = 973 \text{kN}$,满足要求

$Q_{kmax} = 393 \text{kN} < 1.2 R_a = 1.2 \times 973 = 1168 \text{kN}$,满足要求。

(3) 单桩抗拔承载力计算

$$R_a' = \frac{1}{2} u \Sigma \lambda_i q_{sik} l_i + G_p = 744 \text{kN} \quad (计算过程见例 8-1)$$

$Q_k' = |Q_{kmin}| = 123 \text{kN} < R_a' = 744 \text{kN}$,满足要求。

(4) 桩身承载力计算

$Q = \gamma Q_{kmax} = 1.35 \times 393 = 531 \text{kN}$

$Q = 531 \text{kN} < \psi_c f_c A_{ps} + 0.9 f'_y A'_s = 1941 \text{kN}$，满足要求。

（5）桩身轴心抗拔承载力计算

$Q' = \gamma Q'_k = 1.35 \times 123 = 166 \text{kN} < f_y A_s = 300 \times 1131 \times 10^{-3}$
$= 339 \text{kN}$，满足要求。

（6）承台配筋率

底层钢筋 4⊕25，查附录 3 中附表 3-2 和附表 3-4，
$f_y = 300 \text{ N/mm}^2$, $A_s = 1963 \text{mm}^2$

底层受拉钢筋合力点至截面近边缘的距离

$$a_s = 50 + 0.5 \times 25 = 63 \text{mm}$$

表层受压钢筋合力点至截面近边缘的距离

$$a'_s = 100 + 0.5 \times 18 = 109 \text{mm}$$

配筋率 $\rho = \dfrac{A_s}{b_L(h - a_s)} \times 100\% = \dfrac{1963}{700 \times (1300 - 63)} \times 100\%$
$= 0.23\% > 0.20\%$，满足要求。

（7）承台梁正截面受弯承载力计算

不计承台自重，角桩竖向反力设计值

$$N_i = \gamma \left(\dfrac{F_k}{n_z} + \dfrac{M_k + F_{vk}h}{\sqrt{2} b_z} \right)$$

$= 1.35 \times \left(\dfrac{250.3}{4} + \dfrac{1090.1 + 60.2 \times 1.3}{\sqrt{2} \times 3.2} \right) = 433 \text{kN}$

基桩中心至塔身柱边距离

$$s = \dfrac{\sqrt{2}}{2}(b_Z - b_T) = \dfrac{\sqrt{2}}{2}(3.2 - 1.4) = 1.273 \text{m}$$

计算截面处的弯矩设计值

$M = N_i s = 433 \times 1.273 = 551 \text{kN} \cdot \text{m}$

$f_y A_s (h - a_s - a'_s) = 300 \times 1963 \times (1300 - 63 - 109) \times 10^{-6}$
$= 665 \text{kN} \cdot \text{m}$

$M = 551 \text{kN} \cdot \text{m} < f_y A_s (h - a_s - a'_s) = 665 \text{kN} \cdot \text{m}$，满足要求。

（8）承台梁斜截面承载力计算

斜截面最大剪力设计值

$V = N_i = 433 \text{kN}$

承台有效高度 $h_0 = h - a_s = 1300 - 63 = 1237 \text{mm}$

塔身柱边至桩内边缘的水平距离

$$a = \frac{\sqrt{2}}{2}(b_Z - b_T) - \frac{1}{2}d_Z = \frac{\sqrt{2}}{2}(3.2 - 1.4) - 0.25 = 1.023 \text{m}$$

计算截面剪跨比 $\lambda = \dfrac{a}{h_0} = \dfrac{1023}{1237} = 0.826 < 1.5$,取 $\lambda = 1.5$

4肢8mm箍筋,$f_{yv} = 210 \text{N/mm}^2$,$A_{SV} = 201 \text{mm}^2$,$s = 200 \text{mm}$

$$\frac{1.75}{\lambda + 1}f_t b_L h_0 + f_{yv}\frac{A_{sv}}{s}h_0$$

$$= \left(\frac{1.75}{1.5+1} \times 1.27 \times 700 \times 1237 + 210 \times \frac{201}{200} \times 1237\right) \times 10^{-3}$$

$$= 1031 \text{kN}$$

$V = 433 \text{kN} < \dfrac{1.75}{\lambda + 1}f_t b h_0 + f_{yv}\dfrac{A_{sv}}{s}h_0 = 1031 \text{kN}$,满足要求。

[**例8-3**] 1台QTZ40塔机,塔身截面宽度 $b_T = 1.4 \text{m}$。作用于基础顶面的荷载见表5-2,塔机安装地点的地基情况见表8-2。为该塔机设计桩基础,桩型随工程桩,PHC-AB500(125)预应力混凝土管桩。

塔机安装地点的地基情况　　　　表8-2

工程名称	某住宅小区26号住宅楼	±0.0（地下室底板）黄海高程	21.20（17.60）(m)
基础位置	《岩土工程勘察报告》中4-4′剖面（K20）号孔位附近		

土层代号	土层名称	层顶高程(m)	土层厚度(m)	桩型：预应力混凝土管桩	
				q_{sik} (kPa)	q_{pk} (kPa)
①-1	杂填土	17.38	3.00	—	—
①-2	素填土	14.38	1.50	—	—
③	淤泥质粉质粘土	12.88	10.20	20	—
⑤	粉质粘土	2.68	1.80	43	650 (9 < l ≤ 16m)
⑥	粉质粘土	0.88	—	72	2500 (16 < l ≤ 30m)

解：选用⑥号土层做桩基持力层，x、y两个方向的桩间距相同，桩数$n_z = 4$，桩中心距$b_z = 2.5m$，承台底标高（黄海高程）$h_z = 16.0m$，桩长$l_z = 17.0m$。

方形板式承台，边长$b = 4.1m$，对角线方向设置暗梁，截面$b \times h = 600 \times 1100$。底层钢筋4⚁22，表层4⚁16；混凝土保护层厚度$c = c' = 50mm$。

按非工作状态计算。

（1）桩基构造要求

桩中心距$b_z = 2.5m > 3 \times 0.5 = 1.5m$，满足要求；

桩底进入⑥号土层的深度

$l_5 = 17 - (16.0 - 0.88) = 1.88m > 2 \times 0.5 = 1.0m$，满足要求；

边桩中心至承台边缘的距离$= (4.1 - 2.5)/2 = 0.80m > 0.5m$，满足要求；

边桩外边缘至基础边缘的距离$= (4.1 - 2.5 - 0.5)/2 = 0.55m > 0.20m$，满足要求。

（2）基桩竖向承载力计算

承台自重标准值$G_k = 25b^2h = 25 \times 4.1^2 \times 1.1 = 462.3kN$

桩顶作用效应按桩基对角线方向计算。

基桩平均竖向力

$$Q_k = \frac{F_k + G_k}{n_Z} = \frac{250.3 + 462.3}{4} = 178kN$$

角桩最大竖向力

$$Q_{kmax} = Q_k + \frac{M_k + F_{vk}h}{\sqrt{2}b_Z} = 178 + \frac{1090.1 + 60.2 \times 1.1}{\sqrt{2} \times 2.5} = 505kN$$

角桩最小竖向力

$$Q_{kmin} = Q_k - \frac{M_k + F_{vk}h}{\sqrt{2}b_Z} = 178 - \frac{1090.1 + 60.2 \times 1.1}{\sqrt{2} \times 2.5} = -149kN$$

桩截面周长$u = \pi D_Z = \pi \times 0.5 = 1.57m$

桩底截面积$A_p = \pi D_Z^2/4 = \pi \times 0.5^2/4 = 0.196m^2$

单桩竖向承载力特征值：

$$R_a = \frac{1}{2}(u\Sigma q_{sik} \cdot l_i + q_{pk} \cdot A_p)$$

$$= \frac{1}{2} \times [1.57 \times (20 \times 10.2 + 43 \times 1.8 + 72 \times 1.88)$$

$$+ 2500 \times 0.196] = 573 \text{kN}$$

$Q_k = 178\text{kN} < R_a = 573\text{kN}$，满足要求；

$Q_{kmax} = 505\text{kN} < 1.2R_a = 1.2 \times 573 = 688\text{kN}$，满足要求。

（3）单桩抗拔承载力计算

以上计算结果中，角桩最小竖向力是负值，承台对基桩存在拔力。取抗拔系数 $\lambda_i = 0.70$，桩身重力标准值按浮重度（15kN/m^3）计。

$$R'_a = \frac{1}{2}u\Sigma\lambda_i q_{sik} l_i + G_p$$

$$= \frac{1}{2} \times 1.57 \times 0.70 \times (20 \times 10.2 + 43 \times 1.8 + 72 \times 1.88)$$

$$+ 15 \times 0.196 \times 17 = 279\text{kN}$$

$Q_k' = |Q_{kmin}| = 149\text{kN} < R'_a = 279\text{kN}$，满足要求。

（4）桩身承载力计算

角桩最大竖向力 $Q = \gamma Q_{kmax} = 1.35 \times 505 = 682\text{kN}$

查附录4中附表4-5，PHC-AB500（125）管桩桩身竖向承载力设计值 $R_p = 4190\text{kN}$，

$Q = 682\text{kN} < R_p = 4190\text{kN}$，满足要求。

（5）承台正截面受弯承载力计算

按倾覆力矩作用于承台对角线方向，不计承台自重，角桩竖向反力设计值：

$$N_i = \gamma\left(\frac{F_k}{n_z} + \frac{M_k + F_{vk}h}{\sqrt{2}b_z}\right)$$

$$= 1.35 \times \left(\frac{250.3}{4} + \frac{1090.1 + 60.2 \times 1.1}{\sqrt{2} \times 2.5}\right)$$

$$= 526\text{kN}$$

角桩中心线至塔身柱边距离

$$s = \frac{\sqrt{2}}{2}(b_Z - b_T) = \frac{\sqrt{2}}{2}(2.5 - 1.4) = 0.778\text{m}$$

计算截面处的弯矩设计值

$M = N_i s = 526 \times 0.778 = 409\text{kN}\cdot\text{m}$

查附录3中附表3-1和附表3-4，$f_y = 300\text{N/mm}^2$，$A_s = 1521\text{mm}^2$

$M = 409\text{kN}\cdot\text{m} < f_y A_s(h - a_s - a'_s) = 300 \times 1521 \times (1100 - 61 - 58) = 447\text{kN}\cdot\text{m}$，满足要求。

（6）承台斜截面承载力计算

斜截面最大剪力设计值 $V = N_i = 526\text{kN}$

承台有效高度 $h_0 = h - a_s = 1100 - 61 = 1039\text{mm}$

塔身柱边至桩内边缘水平距离

$$a = \frac{\sqrt{2}}{2}(b_Z - b_T) - \frac{1}{2}d_Z = \frac{\sqrt{2}}{2}(2.5 - 1.4) - 0.25 = 0.528\text{m}$$

计算截面剪跨比 $\lambda = \dfrac{a}{h_0} = \dfrac{528}{1039} = 0.51 < 1.5$，取 $\lambda = 1.5$

$$\frac{1.75}{\lambda + 1}f_t b h_0 + f_{yv}\frac{A_{sv}}{s}h_0$$

$$= \left(\frac{1.75}{1.5 + 1} \times 1.27 \times 600 \times 1039 + 210 \times \frac{201}{200} \times 1039\right) \times 10^{-3}$$

$$= 774\text{kN}$$

$V = 526\text{kN} < \dfrac{1.75}{\lambda + 1}f_t b h_0 + f_{yv}\dfrac{A_{sv}}{s}h_0 = 774\text{kN}$，满足要求。

9 组合式基础的设计计算

随着地下空间的利用,很多工程的地下室范围比上部建筑结构的占地面积大得多,塔机需要安装在地下室基坑内部。组合式基础是适应这种工程特点的理想形式,具有以下优点:

(1) 避免了深埋塔机基础带来的施工困难。

(2) 塔机在现场基坑大面积开挖前安装,基坑开挖时塔机已可投入使用,有利于提高地下工程的施工进度。

(3) 地下室的底板、顶板不用预留大面积孔洞,不用二次浇筑混凝土,地下室内不会出现积水,塔机的底部结构不会浸泡在水中,方便工人检查、紧固塔机地脚螺栓,对安全生产有利。

组合式基础由钢筋混凝土承台(或钢结构平台)、格构式钢架、混凝土灌注桩三部分组成。承台通常设置在地下室顶板上面。

本章将介绍格构式钢架的设计计算方法,混凝土承台和桩基的计算方法见第 8 章。

9.1 结构形式及施工顺序

组合式基础采用逆作法施工,其结构形式和施工顺序如图 9-1 所示。

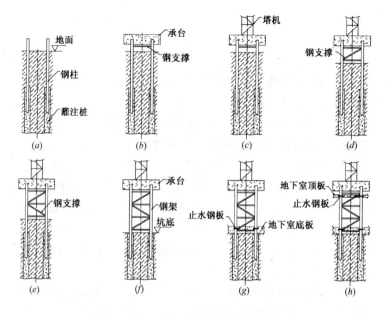

图 9-1 组合式基础形式及施工顺序示意

在图 9-1 中:

(a) 在设计确定的塔机位置,打 4 根混凝土灌注桩,桩径和桩长根据计算确定。每根桩中插入一根钢柱,钢柱中心线与桩的轴线重合。由于桩孔直径大于钢柱尺寸,基桩施工结束时,宜用砂石材料将桩孔与钢柱间的空隙填实;

(b) 在钢柱之间焊接水平钢支撑,浇筑混凝土承台(或焊接钢结构平台),承台尺寸根据计算确定,并满足塔机底部结构尺寸的需要;

(c) 在混凝土承台(或钢平台)上安装塔机,验收合格后投入使用;

(d) 地下室基坑分层开挖,挖至可以焊接一层钢支撑时,在钢柱之间及时焊接斜支撑、水平支撑;

(e) 基坑继续开挖,每开挖一层焊接一层斜支撑、水平支撑。钢架高度超过 8m 时,应在钢柱之间设置水平钢剪刀撑,剪刀撑的竖向间距不宜超过 6m;

(f) 基坑开挖结束,所有钢支撑焊接结束。钢柱、钢支撑、水平钢剪刀撑共同组成格构式钢架;

(g) 沿钢架杆件周围设置止水钢板,浇筑地下室底板;

(h) 沿钢架杆件周围设置止水钢板,浇筑地下室顶板。

9.2 一般规定

（1）格构式钢架的钢柱材料可选用钢管、格构式钢桁架，型钢平台的钢柱材料可选用 H 型钢。

（2）计算格构式钢架强度和基桩的桩顶作用效应时应计入钢架的自重荷载，作用于钢架的风荷载可忽略不计。

（3）型钢平台和格构式钢架的设计应符合现行国家标准《钢结构设计规范》GB50017 的有关规定，由厚钢板和型钢主次梁焊接或螺栓连接而成，钢平台主梁应与格构式钢架的钢柱连接，宜采用焊接连接。

（4）组合式基础的基桩应避开地下室底板的基础梁、承台及后浇带或加强带。

（5）随着基坑土方的分层开挖，应在钢柱外侧四周及时焊接型钢支撑，将钢柱连接为整体。

9.3 构造要求

（1）混凝土承台的混凝土强度等级不应小于 C25。承台可采用板式、十字形梁式，截面高度不宜小于 1000mm，且应满足抗冲切、抗剪切、抗弯承载力和塔机预埋件的抗拔要求。

（2）钢柱中心至承台边缘的距离不应小于钢柱的直径或截面边长，钢柱的外边缘至板式承台边缘的距离不应小于 200mm；至十字形梁式承台梁边缘的距离不应小于 75mm。十字形承台的节点处应采用加腋构造。

（3）钢柱的布置应与下端的基桩轴线重合，下端伸入灌注桩的锚固长度不宜少于 2.0m，且应与基桩的纵向钢筋焊接。

（4）钢管柱伸入承台的长度应满足抗拔要求。柱顶嵌入承台的长度按钢管桩的要求执行，即钢柱直径小于 800mm 时，嵌入承台的长度不宜小于 50mm；钢柱直径大于等于 800mm 时，嵌入承台的长度不宜小于100mm。钢管柱与混凝土承台的连接采用植于柱芯混凝土不少于6⌀20的主筋锚入承台。钢管柱中的柱芯混凝土长度不应小于2倍柱径，且不应小于1000mm，其强度等级宜比承台的混凝土强度等级提高一级。

（5）对于格构式桁架钢柱，柱顶嵌入承台的长度不宜低于承台厚度的中心线。应在钢柱上焊接承托角钢，承台底面搁置在承托角钢上，以增加钢柱对承台的支承面积，承托角钢材料不宜小于∟90×8mm等边角钢。

（6）格构式钢柱宜采用焊接连接的四肢组合式对称构件，截面轮廓尺寸不宜小于400mm×400mm，分肢宜采用不小于∟90×8mm的等边角钢，缀件可采用缀板式或角钢缀条式。格构式钢柱的构造应符合现行国家标准《钢结构设计规范》GB50017的规定，其中缀件的构造应符合《塔式起重机混凝土基础工程技术规程》JGJ/T 187附录B的规定。

（7）灌注桩的混凝土强度等级不应小于C25。桩的纵向钢筋应经计算确定,应等截面或变截面通长配筋,最小配筋率不宜小于0.20%~0.65%。箍筋采用螺旋式,直径不应小于6mm,间距宜为200~300mm。桩顶以下5倍桩径范围内的箍筋应加密,间距不应大于100mm。主筋的混凝土保护层厚度不应小于50mm。

9.4　钢架的计算

钢架与桩端接合处的1—1截面承受的作用荷载最大，受力情况如图9-2所示，按压弯构件进行计算。

1. 钢架强度

塔机对基础的作用荷载为单向偏心荷载，钢架强度按公式（9-1）计算。

$$\frac{N}{A_n} + \frac{M}{\gamma_x W_n} \leq f \quad (9\text{-}1)$$

$$N = \gamma(F_k + G_{Tk} + G_{Jk}) \quad (9\text{-}2)$$

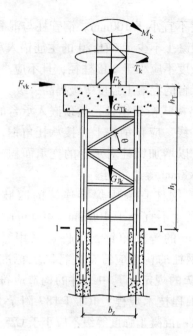

图 9-2 组合式基础受力示意图

$$M = \gamma [M_k + F_{vk}(h_T + h_J)] \quad (9-3)$$

$$W_n = \frac{I}{b_z/2} \quad (9-4)$$

$$I = 4 \left[I_{min} + A_0 \left(\frac{b_z}{2} \right)^2 \right] \quad (9-5)$$

式中 N——轴心压力设计值（kN）;

M——弯矩荷载设计值（kN·m）;

A_n——4 根钢柱净截面面积之和，无截面削弱时 $A_n = A = 4 A_0$ （mm²）;

A_0——钢柱材料的截面面积（mm²）;

γ_x——与截面模量相应的截面塑性发展系数，按 1.0 采用;

W_n——钢架净截面模量，无截面削弱时 $W_n = W$（mm³）;

f——钢材的抗拉、抗压和抗弯强度设计值，按附录 5 中附表 5-1 选用（N/mm²）；

γ——由标准组合转化为基本组合的分项系数，取 1.35；

M_k——相应于荷载效应标准组合时，作用于承台顶面的力矩荷载标准值（kN·m）；

F_k——相应于荷载效应标准组合时，作用于承台顶面的竖向荷载标准值（kN）；

F_{vk}——相应于荷载效应标准组合时，作用于承台顶面的水平荷载标准值（kN）；

G_{Tk}——承台自重荷载标准值（kN）；

G_{Jk}——钢架自重荷载标准值（kN）；

h_T——混凝土承台高度（m）；

h_J——格构式钢架高度（m）；

I——钢架截面惯性矩（mm⁴）；

I_{min}——钢柱材料的惯性矩，钢柱材料为 H 型钢时，取两个方向的小值（mm⁴）；

b_z——钢柱（基桩）之间的中心距（m）。

2. 长细比

钢架为 4 肢缀条式组合构件，其换算长细比按公式（9-6）计算。

$$\lambda_0 = \sqrt{\lambda^2 + 40\frac{A}{nA_1}} \leqslant 150 \qquad (9\text{-}6)$$

$$\lambda = l_0/i \qquad (9\text{-}7)$$

$$l_0 = 2.1 h_J \qquad (9\text{-}8)$$

$$i = \sqrt{\frac{I}{A}} \qquad (9\text{-}9)$$

式中　λ_0——钢架换算长细比；

λ——钢架长细比；

A——4 根钢柱毛截面面积之和（mm²）；

n——钢架两对面斜缀条数量；

A_1——斜缀条毛截面面积（mm^2）；
l_0——钢架计算长度（mm）；
i——钢架回转半径（mm）。

3. 整体稳定性

塔机倾覆力矩绕格构式钢架虚轴作用，其弯矩作用平面内的整体稳定性按公式（9-10）计算。

$$\frac{N}{\varphi A} + \frac{\beta_m M}{W\left(1-\varphi\dfrac{N}{N'_E}\right)} \leqslant f \qquad (9-10)$$

$$N'_E = \frac{\pi^2 EA}{1.1\lambda_0^2} \qquad (9-11)$$

式中 φ——弯矩作用平面内的轴心受压构件稳定系数，应根据换算长细比、钢材屈服强度和附录5中附表5-5、附表5-6或的截面分类，按附表5-7~10采用；

β_m——等效弯矩系数，取 $\beta_m = 1.0$；

W——钢架毛截面模量，（mm^3）；

N'_E——参数；

E——钢材的弹性模量，查附录5中附表5-4，取 $E = 206 \times 10^3$ N/mm^2。

4. 分肢稳定性

单根钢柱（分肢）的稳定性按公式（9-12）计算。

$$\frac{N_1}{\varphi_1 A_0} \leqslant f \qquad (9-12)$$

$$N_1 = \frac{N}{4} + \frac{M}{\sqrt{2}b_z} \qquad (9-13)$$

式中 N_1——分肢最大轴心压力设计值，按倾覆力矩指向钢架对角线方向计算（kN）；

φ_1——分肢稳定系数，根据分肢长细比、钢材屈服强度和附录5中附表5-5或附表5-6的截面分类，按附表5-7~10采用。

5. 缀条稳定性

缀条为轴心受压构件，按公式（9-14）计算。

$$\frac{N_c}{\varphi_c A_1} \leqslant f \tag{9-14}$$

$$N_c = \frac{V_{\max}}{2\cos\theta} \tag{9-15}$$

$$V_1 = \gamma \left(F_{vk} + \frac{T_k}{2b_z} \right) \tag{9-16}$$

$$V_2 = \frac{Af}{85}\sqrt{\frac{f_y}{235}} \tag{9-17}$$

式中　N_c——缀条轴心压力设计值（kN）；

φ_c——缀条稳定系数，根据长细比、钢材屈服强度和附录5中附表5-5或附表5-6的截面分类，按附表5-7~10采用；

$V_{\max}$——最大剪力设计值，取V_1、V_2两个剪力中的大值（kN）；

V_1、V_2——分别为实际剪力和假想剪力（kN）；

T_k——相应于荷载效应标准组合时，作用于承台顶面的扭矩值（kN·m）；

f_y——钢材的屈服强度（或屈服点）（N/mm²）。

9.5　计算例题

[例9-1] 1台QTZ40塔机，作用于基础顶面的荷载数据见表9-1，设计组合式基础的格构式钢架。

1台QTZ40塔机作用于基础顶面的荷载　　　　表9-1

	力矩 M_k(kN·m)	竖向荷载 F_k(kN)	水平荷载 F_{vk}(kN)	扭矩 T_k(kN·m)
工作状态	783.2	282.6	15.8	35.4
非工作状态	1090.1	250.3	60.2	0.0

解：基础形式及尺寸如图9-3所示。采用钢平台结构，钢柱间距 $b_z = 2.5\mathrm{m}$，钢架高度 $h_J = 5.2\mathrm{m}$，节间距 $l_0 = 1.5\mathrm{m}$，斜缀条与平缀条间的夹角 $\theta = 29°$。

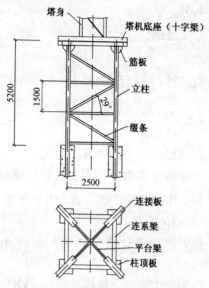

图9-3 钢平台组合式基础示意

立柱和连系梁选用 H200×200×8×12 型钢（轧制），截面面积 $A_0 = 6428\mathrm{mm}^2$，毛截面最小惯性矩 $I_{\min} = 1.60 \times 10^7 \mathrm{mm}^4$，最小回转半径 $i_{\min} = 49.9\mathrm{mm}$；缀条选用 ∟100×8 角钢，截面面积 $A_1 = 1564\mathrm{mm}^2$，最小回转半径 $i_{\min} = 19.8\mathrm{mm}$；平台梁选用 I20b 工字钢，连接板厚度 40mm，柱顶板厚度 20mm，材料牌号 Q235，$f_y = 235\mathrm{N/mm}^2$，$f = 215\mathrm{N/mm}^2$。

塔机非工作状态时的倾覆力矩值大于工作状态，以下计算取非工作状态的荷载值。工作状态的计算结果可查阅第11章中表11-6设计计算书样本。

（1）钢架强度计算

经计算，钢架重力标准值 $G_{Jk} = 40.4\mathrm{kN}$

轴心压力设计值

$N = \gamma(F_k + G_{Jk}) = 1.35 \times (250.3 + 40.4) = 392.4\text{kN}$

弯矩荷载设计值

$M = \gamma(M_k + F_{vk}h_j) = 1.35 \times (1090.1 + 60.2 \times 5.2)$
$= 1894.2\text{kN} \cdot \text{m}$

钢柱截面面积 $A_n = 4 A_0 = 4 \times 6428 = 25712\text{mm}^2$

截面惯性矩

$I = 4\left[I_{\min} + A_0\left(\dfrac{b_z}{2}\right)^2\right] = 4 \times \left[1.60 \times 10^7 + 6428 \times \left(\dfrac{2500}{2}\right)^2\right]$
$= 4.02 \times 10^{10}\text{mm}^4$

截面模量 $W_n = \dfrac{I}{b_z/2} = \dfrac{4.02 \times 10^{10}}{1250} = 3.22 \times 10^7 \text{mm}^3$

$\dfrac{N}{A_n} + \dfrac{M}{\gamma_x W_n} = \dfrac{392.4 \times 10^3}{25712} + \dfrac{1894.2 \times 10^6}{1.0 \times 3.22 \times 10^7} = 74.1\text{N/mm}^2 < f$
$= 215\text{N/mm}^2$，满足要求。

（2）整体稳定性计算

钢架回转半径 $i = \sqrt{\dfrac{I}{A}} = \sqrt{\dfrac{4.02 \times 10^{10}}{25712}} = 1251\text{mm}$

长细比 $\lambda = l_0/i = 2.1 \times 5200/1251 = 8.73$

换算长细比 $\lambda_0 = \sqrt{\lambda^2 + 40\dfrac{A}{nA_1}} = \sqrt{8.73^2 + 40 \times \dfrac{25712}{2 \times 1564}}$
$= 20 < [\lambda] = 150$，满足要求。

$\lambda_0 \sqrt{f_y/235} = 20 \sqrt{235/235} = 20$，b 类截面，查附录 5 中附表 5-8，$\varphi = 0.970$，

参数 $N'_E = \dfrac{\pi^2 EA}{1.1\lambda_0^2} = \dfrac{\pi^2 \times 2.06 \times 10^5 \times 25712}{1.1 \times 20.1^2} = 1.17 \times 10^8 N$

$\dfrac{N}{\varphi A} + \dfrac{\beta_m M}{W\left(1 - \varphi\dfrac{N}{N'_E}\right)} = \dfrac{392.4 \times 10^3}{0.970 \times 25712} + \dfrac{1.0 \times 1894.2 \times 10^6}{3.22 \times 10^7 \times \left(1 - 0.970 \times \dfrac{392.4 \times 10^3}{1.17 \times 10^8}\right)}$
$= 74.8\text{N/mm}^2$

$$\frac{N}{\varphi A}+\frac{\beta_m M}{W\left(1-\varphi\dfrac{N}{N'_E}\right)}=74.8\text{N}/\text{mm}^2<f=215\text{N}/\text{mm}^2,满足要求。$$

（3）分肢稳定性计算

分肢最大轴心压力设计值

$$N_1=\frac{N}{4}+\frac{M}{\sqrt{2}b_z}=\frac{392.4}{4}+\frac{1894.2}{\sqrt{2}\times 2.5}=633.9\text{kN}$$

分肢长细比 $\lambda=l_0/i_{\min}=1500/49.9=30<[\lambda]=150$

$\lambda\sqrt{f_y/235}=30\sqrt{235/235}=30$，b 类截面，查附录 5 中附表 5-8，$\varphi_1=0.936$，

$$\frac{N_1}{\varphi_1 A_0}=\frac{633.9\times10^3}{0.936\times 6428}=105.4\text{N}/\text{mm}^2<f=215\text{N}/\text{mm}^2,满足要求。$$

（4）缀条稳定性计算

实际剪力

$$V_1=\gamma\left(F_{vk}+\frac{T_k}{2b_z}\right)=1.35\times\left(60.2\times10^3+\frac{0.0}{2\times 2.5}\right)=81270N$$

假想剪力

$$V_2=\frac{Af}{85}\sqrt{\frac{f_y}{235}}=\frac{25712\times 215}{85}\times\sqrt{\frac{235}{235}}=65036N$$

取两个剪力中的大值 $V=\max(V_1,V_2)=81270N$

缀条轴心压力设计值 $N_c=\dfrac{V}{2\cos\theta}=\dfrac{81270}{2\times\cos 29°}=46460N$

斜缀条计算长度 $l_c=1000\times\sqrt{2.5^2+1.5^2}=2915\text{mm}$

长细比 $\lambda_c=l_c/i_{\min}=2915/19.8=147<[\lambda]=150$,满足要求。

$\lambda_c\sqrt{f_y/235}=147\sqrt{235/235}=147$，b 类截面，查附录 5 中附表 5-8，$\varphi_c=0.318$，

$$\frac{N_c}{\varphi_c A_1}=\frac{46460}{0.318\times 1564}=93.4\text{N}/\text{mm}^2<f=215\text{N}/\text{mm}^2,满足要求。$$

（5）焊缝强度

钢平台与钢柱之间的连接焊缝位置和焊缝尺寸如图 9-4 所

示。手工电弧焊，E43型焊条，角焊缝，焊脚尺寸 $h_f = 10mm$。有3处重要焊缝，即连接板与平台梁的连接焊缝（焊缝1）、平台与柱顶板的连接焊缝（焊缝2）、柱顶板与钢柱的连接焊缝（焊缝3）。按荷载作用于平台对角线方向，取其中一根平台梁的焊缝按纵向进行计算。因为在钢柱与柱顶间增加了筋板，焊缝3的长度远大于焊缝2，因此仅验算焊缝1、焊缝2的强度，查附录5中附表5-2，角焊缝强度设计值 $f_f^w = 160 \text{ N/mm}^2$。

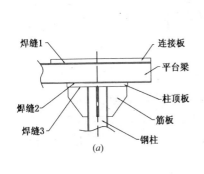
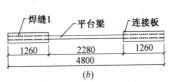
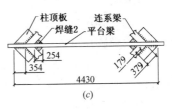

图9-4 焊缝位置及尺寸示意

(a)焊缝位置；(b)焊缝1尺寸；(c)焊缝2尺寸

①焊缝1构造要求

最小焊脚尺寸 $h_{fmin} = 1.5\sqrt{t_1} = 1.5 \times \sqrt{40} = 9.5mm$，$t_1$ 为较厚焊件厚度，计算结果只进不舍；

最大焊脚尺寸 $h_{fmax} = 1.2t_2 = 1.2 \times 11.4 = 13.7mm$，$t_2$ 为较薄焊件厚度，I20b工字钢翼缘平均厚度11.4mm；

$h_{fmin} = 9.5mm < h_f = 10mm < h_{fmax} = 13.7mm$，焊脚尺寸满足焊缝构造要求。

②焊缝1强度计算

弯矩设计值 $M_{f1} = 1.35 \times (1090.1 - 250.3 \times 0.707 \times 2.5 + 60.2 \times 0.04) = 877.5 \text{kN} \cdot \text{m}$

剪力设计值 $V_{f1} = 1.35 \times 60.2 = 81.3 \text{kN}$

焊缝有效截面面积 $A_{e1} = 4 \times 0.7 \times 10 \times (1260 - 20) = 34720 \text{mm}^2$

焊缝截面惯性矩 $I_{e1} = 2 \times 0.7 \times 10 \times [(4800 - 20)^3 - (2280 + 20)^3]/12 = 1.13 \times 10^{11} \text{mm}^4$

焊缝截面模量 $W_{e1} = 1.13 \times 10^{11}/2400 = 4.71 \times 10^7 \text{mm}^3$

弯曲应力 $\sigma_{f1} = M_{f1}/W_{e1} = 877.5 \times 10^6/(4.71 \times 10^7) = 18.6 \text{N/mm}^2$

剪切应力 $\tau_{f1} = V_{f1}/A_{e1} = 81.3 \times 10^3/34720 = 2.3 \text{N/mm}^2$

折算应力 $\sqrt{\left(\dfrac{\sigma_{f1}}{\beta_f}\right)^2 + \tau_{f1}^2} = \sqrt{\left(\dfrac{18.6}{1.22}\right)^2 + 2.3^2} = 15.5 \text{N/mm}^2 < f_f^w = 160 \text{N/mm}^2$，满足要求。

③焊缝2构造要求

最小焊脚尺寸 $h_{f\min} = 1.5 \sqrt{t_1} = 1.5 \times \sqrt{20} = 6.7 \text{mm}$；

最大焊脚尺寸 $h_{f\max} = 1.2 t_2 = 1.2 \times 11.4 = 13.7 \text{mm}$；

$h_{f\min} = 6.7 \text{mm} < h_f = 10 \text{mm} < h_{f\max} = 13.7 \text{mm}$，焊脚尺寸满足焊缝构造要求。

④焊缝2强度计算

弯矩设计值 $M_{f2} = 1.35 \times (1090.1 - 250.3 \times 0.707 \times 2.5 + 60.2 \times 0.24) = 893.8 \text{kN} \cdot \text{m}$

焊缝有效截面面积 $A_{e2} = 11260 \text{mm}^2$（省略计算过程）

焊缝截面惯性矩 $I_{e2} = 9.95 \times 10^{10} \text{mm}^4$（省略计算过程）

焊缝截面模量 $W_{e2} = 9.95 \times 10^{10}/2215 = 4.49 \times 10^7 \text{mm}^3$

弯曲应力 $\sigma_{f2} = M_{f2}/W_{e2} = 893.8 \times 10^6/(4.49 \times 10^7) = 19.9 \text{N/mm}^2$

剪切应力 $\tau_{f2} = V_{f2}/A_{e2} = 81.3 \times 10^3/11260 = 7.2 \text{N/mm}^2$

折算应力 $\sqrt{\left(\dfrac{\sigma_{f2}}{\beta_f}\right)^2 + \tau_{f2}^2} = \sqrt{\left(\dfrac{19.9}{1.22}\right)^2 + 7.2^2} = 17.8 \text{N/mm}^2 < f_f^w = 160 \text{N/mm}^2$，满足要求。

（6）螺栓连接强度

塔机底座与平台之间用16只M30螺栓连接，螺栓性能等级

4.8级,螺栓间距尺寸见图9-5。M30螺栓杆截面面积$A = 706 \text{ mm}^2$,有效截面面积$A_e = 561 \text{mm}^2$。查附录5中附表5-3,C级螺栓抗拉强度设计值$f_t^b = 170 \text{ N/mm}^2$,抗剪强度设计值$f_v^b = 140 \text{ N/mm}^2$。按弯矩和剪力值作用于一根平台梁上进行计算。

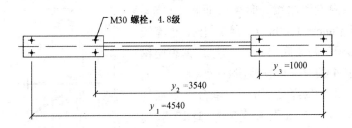

图9-5 连接螺栓位置尺寸

一只螺栓的抗拉承载力设计值
$$N_t^b = A_e f_t^b = 561 \times 170 = 95370 \text{N} = 95.37 \text{kN}$$
一只螺栓的抗剪承载力设计值
$$N_v^b = A f_v^b = 706 \times 140 = 98840 = 98.84 \text{kN}$$
弯矩设计值
$M = 1.35 \times (1090.1 - 0.707 \times 250.3 \times 2.5) = 874.3 \text{kN} \cdot \text{m}$
剪力设计值 $V = 1.35 \times 60.2 = 81.3 \text{kN}$
一只螺栓承受的最大拉力
$$N_1 = \frac{My_1}{\sum y_i^2} = \frac{874.3 \times 10^3 \times 4540}{2 \times (1000^2 + 3540^2 + 4540^2)} = 58.13 \text{kN}$$
一只螺栓承受的最大剪力 $N_v = \dfrac{V}{n} = \dfrac{81.3}{8} = 10.16 \text{kN}$

螺栓强度条件为:
$$\sqrt{\left(\frac{N_v}{N_v^b}\right)^2 + \left(\frac{N_t}{N_t^b}\right)^2} = \sqrt{\left(\frac{10.16}{98.84}\right)^2 + \left(\frac{58.13}{95.37}\right)^2} = 0.618 < 1,\text{满足要求}。$$

[**例 9-2**] 将例 9-1 中 QTZ40 塔机组合式基础的钢平台改为混凝土承台,塔机作用于基础顶面的荷载数据见表 9-1,塔身横截面边长 $b_T = 1.4m$,设计计算该基础的承台和钢架。

解: 基础形式及尺寸如图 9-6 所示,桩间距 $b_z = 2.5m$。

承台尺寸 $4.1 \times 4.1 \times 1.2m$,承台内设置暗梁,暗梁截面积 $b \times h = 500mm \times 1200mm$,混凝土强度等级 C30,暗梁底层钢筋 4 Φ 22,表层钢筋 4 Φ 16,4 肢箍筋 $\phi 8@200$,混凝土保护层厚度 50mm。承台上下面均按构造要求配置钢筋网 Φ 12 双向 @200。

钢架高度 $h_J = 5.2m$,节间距 $l_0 = 1.5m$,斜缀条与平缀条间的夹角 $\theta = 31°$。立柱材料选用 $\phi 273 \times 10$ 无缝钢管,截面面积 $A_0 = 8262mm^2$,毛截面惯性矩 $I_0 = 7.15 \times 10^7 mm^4$,回转半径 $i_0 = 93.1mm$;缀条材料选用 $\phi 76 \times 6$ 无缝钢管,截面面积 $A_1 = 1319mm^2$,回转半径 $i_1 = 24.8mm$。

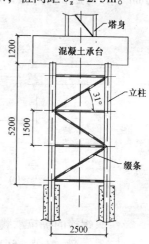

图 9-6 混凝土承台组合式基础示意

在钢架柱芯混凝土中植入 6 Φ 20 锚固钢筋,按钢管桩的构造要求与承台锚固。

塔机非工作状态时的倾覆力矩值大于工作状态,以下计算取非工作状态的荷载值。工作状态的计算结果可查阅第 11 章中表 11-7 设计计算书样本。

(1) 承台正截面受弯承载力计算

不计承台自重,按非工作状态计算钢架柱顶竖向反力设计值:

$$N_i = \gamma \left(\frac{F_k}{4} + \frac{M_k + F_{vk} h_T}{\sqrt{2} b_z} \right)$$

$$= 1.35 \times \left(\frac{250.3}{4} + \frac{1090.1 + 60.2 \times 1.2}{\sqrt{2} \times 2.5} \right) = 528 \text{kN}$$

钢架柱中至塔身柱边距离

$$s = \frac{\sqrt{2}}{2}(b_Z - b_T) = \frac{\sqrt{2}}{2} \times (2.5 - 1.4) = 0.778 \text{m}$$

计算截面处的弯矩设计值 $M = N_i s = 528 \times 0.778 = 411 \text{kN} \cdot \text{m}$

查附录 3 中附表 3-4，暗梁底层 4⏀22 钢筋截面积 $A_s = 1521 \text{mm}^2$

暗梁底层钢筋合力点至承台底面距离

$$a_s = c + d_1/2 = 50 + 22/2 = 61 \text{mm}$$

暗梁表层钢筋合力点至承台顶面距离

$$a_s' = c + d_2/2 = 50 + 16/2 = 58 \text{mm}$$

抗弯承载力

$$f_y A_s (h - a_s - a_s') = 300 \times 1521 \times (1200 - 61 - 58) \times 10^{-6}$$
$$= 439 \text{kN} \cdot \text{m}$$

$M = 411 \text{kN} \cdot \text{m} \leqslant f_y A_s (h - a_s - a_s') = 439 \text{kN} \cdot \text{m}$，满足要求。

（2）承台斜截面承载力计算

斜截面最大剪力设计值 $V = N_i = 528 \text{kN}$

塔身柱边至钢柱内边缘水平距离

$$a = \frac{\sqrt{2}}{2}(b_Z - b_T) - \frac{1}{2}D_0 = \frac{\sqrt{2}}{2}(2.5 - 1.4) - \frac{0.273}{2} = 0.641 \text{m}$$

计算截面剪跨比 $\lambda = \dfrac{a}{h_0} = \dfrac{641}{1139} = 0.563 < 1.5$，取 $\lambda = 1.5$

4 肢箍筋 $\phi 8@200$，查附录 3 中附表 3-2 和附表 3-4，$f_{yv} = f_y = 210 \text{kN}$，$A_{sv} = 201 \text{mm}^2$

$$\frac{1.75}{\lambda + 1} f_t b h_0 + f_{yv} \frac{A_{sv}}{s} h_0$$

$$= \left(\frac{1.75}{1.5 + 1} \times 1.43 \times 500 \times 1139 + 210 \times \frac{201}{200} \times 1139 \right) \times 10^{-3}$$

$$= 811 \text{kN}$$

$$V = 528\text{kN} < \frac{1.75}{\lambda+1}f_t bh_0 + f_{yv}\frac{A_{sv}}{s}h_0 = 811\text{kN}，满足要求。$$

（3）柱顶局部承压计算

承台重力标准值

$$G_{Tk} = 25b_T^2 h_T = 25 \times 4.1 \times 4.1 \times 1.2 = 504.3\text{kN}$$

钢柱顶承压面积 $A_D = \pi D_0^2/4 = \pi \times 273^2/4 = 58535\text{mm}^2$

承台对柱顶最大压力设计值

$$N_{imax} = \gamma\left(\frac{F_k + G_{Tk}}{n} + \frac{M_k + F_{vk}h_T}{\sqrt{2}b_Z}\right)$$

$$= 1.35 \times \left(\frac{250.3 + 504.3}{4} + \frac{1090.1 + 60.2 \times 1.2}{\sqrt{2} \times 2.5}\right)$$

$$= 699\text{kN}$$

$$\sigma = \frac{N_{imax}}{A_D} = \frac{699 \times 10^3}{58535} = 11.93\text{N/mm}^2 < f_c = 14.3\text{N/mm}^2，满足要求。$$

（4）钢柱对承台的拉结强度计算

承台对柱顶最小压力设计值：

$$N_{imin} = \gamma\left(\frac{F_k + G_{Tk}}{n} - \frac{M_k + F_{vk}h_T}{\sqrt{2}b_Z}\right)$$

$$= 1.35 \times \left(\frac{250.3 + 504.3}{4} - \frac{1090.1 + 60.2 \times 1.2}{\sqrt{2} \times 2.5}\right)$$

$$= -189\text{kN}$$

查附录3中附表3-2和附表3-4，$f_y = 300\text{kN}$，6Φ20 锚固钢筋面积 $A_m = 1885\text{mm}^2$

$$|N_{imin}| = 189\text{kN} < f_y A_m = 300 \times 1885 \times 10^{-3} = 566\text{kN}，满足要求。$$

（5）钢架强度计算

经计算，钢架重力标准值 $G_{Jk} = 29.8\text{kN}$

轴心压力设计值

$$N = \gamma(F_k + G_{Tk} + G_{Jk}) = 1.35 \times (250.3 + 504.3 + 29.8)$$

$= 1059\text{kN}$

力矩荷载设计值

$M = \gamma[M_k + F_{vk}(h_T + h_J)] = 1.35 \times [1090.1 + 60.2 \times (1.2 + 5.2)] = 1992\text{kN}\cdot\text{m}$

钢柱截面面积 $A_n = 4A_0 = 4 \times 8262 = 33050\text{mm}^2$

截面惯性矩

$I = 4\left[I_{min} + A_0\left(\dfrac{b_z}{2}\right)^2\right] = 4 \times \left[7.15 \times 10^7 + 8262 \times \left(\dfrac{2500}{2}\right)^2\right]$

$= 5.19 \times 10^{10}\text{mm}^4$

截面模量 $W_n = \dfrac{I}{b_z/2} = \dfrac{5.19 \times 10^{10}}{1250} = 4.15 \times 10^7\text{mm}^3$

$\dfrac{N}{A_n} + \dfrac{M}{\gamma_x W_n} = \dfrac{1059 \times 10^3}{33050} + \dfrac{1992 \times 10^6}{1.0 \times 4.15 \times 10^7} = 80.0\text{N/mm}^2 < f$

$= 215\text{N/mm}^2$,满足要求。

(6) 整体稳定性计算

钢架回转半径 $i = \sqrt{\dfrac{I}{A}} = \sqrt{\dfrac{5.19 \times 10^{10}}{33050}} = 1253\text{mm}$

长细比 $\lambda = l_0/i = 2.1 \times 5200/1253 = 8.7$

换算长细比 $\lambda_0 = \sqrt{\lambda^2 + 40\dfrac{A}{2A_1}} = \sqrt{8.7^2 + 40 \times \dfrac{33050}{2 \times 1319}}$

$= 24.0 < [\lambda] = 150$,满足要求。

$\lambda_0\sqrt{f_y/235} = 24\sqrt{235/235} = 24$,b 类截面,查附录 5 中附表 5-8,$\varphi = 0.957$,

参数 $N'_E = \dfrac{\pi^2 EA}{1.1\lambda_0^2} = \dfrac{\pi^2 \times 2.06 \times 10^5 \times 33050}{1.1 \times 24.0^2} = 1.06 \times 10^8\text{N}$

$\dfrac{N}{\varphi A} + \dfrac{\beta_{mx}M}{W\left(1 - \varphi\dfrac{N}{N'_E}\right)} = \dfrac{1059 \times 10^3}{0.957 \times 33050}$

$+ \dfrac{1.0 \times 1992 \times 10^6}{4.15 \times 10^7 \times \left(1 - 0.957 \times \dfrac{1059 \times 10^3}{1.06 \times 10^8}\right)} = 81.9\text{N/mm}^2$

$$\frac{N}{\varphi A}+\frac{\beta_{mx}M}{W\left(1-\varphi\dfrac{N}{N'_E}\right)}=81.9\text{N/mm}^2<f=215\text{N/mm}^2,满足要求。$$

(7) 分肢稳定性计算

分肢最大轴心压力设计值

$$N_1=\frac{N}{4}+\frac{M}{\sqrt{2}b_z}=\frac{1059}{4}+\frac{1992}{\sqrt{2}\times 2.5}=828\text{kN}$$

分肢长细比 $\lambda = l_0/i_0 = 1500/93.1 = 16 < [\lambda] = 150$,满足要求。

$\lambda_0\sqrt{f_y/235}=16\sqrt{235/235}=16$,a 类截面,查附录 5 中附表 5-7,$\varphi_1 = 0.988$,

$$\frac{N_1}{\varphi_1 A_0}=\frac{828.1\times 10^3}{0.988\times 8268}=101.4\text{N/mm}^2<f=215\text{N/mm}^2,满足要求。$$

(8) 缀条稳定性计算

实际剪力

$$V_1=\gamma\left(F_{vk}+\frac{T_k}{2b_z}\right)=1.35\times\left(60.2\times 10^3+\frac{0.0}{2\times 2.5}\right)=81270N$$

假想剪力

$$V_2=\frac{Af}{85}\sqrt{\frac{f_y}{235}}=\frac{33048\times 215}{85}\times\sqrt{\frac{235}{235}}=83596N$$

取两个剪力中的大值 $V_{max}(V_1,V_2)=83596N$

缀条轴心压力设计值

$$N_c=\frac{V}{2\cos\theta}=\frac{83596}{2\times\cos 31°}=48744N$$

斜缀条计算长度

$$l_c=1000\times\sqrt{2.5^2+1.5^2}=2915\text{mm}$$

长细比 $\lambda_c = l_c/i_1 = 2915/24.8 = 117.4 < [\lambda] = 150$,满足要求。

$\lambda_c\sqrt{f_y/235}=117.4\sqrt{235/235}=117.4$,a 类截面,查附录 5 中附表 5-7,$\varphi_c = 0.511$

$$\frac{N_c}{\varphi_c A_1} = \frac{48744}{0.511 \times 1319} = 72.3 \text{N/mm}^2 < f = 215 \text{N/mm}^2,\text{满足要求。}$$

承台地脚螺栓的规格、位置按厂家基础图中的要求执行，对地脚螺栓的强度不再验算。

10 基础施工及质量验收

10.1 基础施工

1. 基础施工前，应按塔机基础设计及施工方案测量放线，确保塔机基础与建筑物的相对位置准确。

2. 做好基础施工的准备工作，必要时塔机基础的基坑应采取支护及降排水措施，基坑开挖和钢筋混凝土施工应在无地下水的情况下施工。雨季施工时，必须考虑随时遮盖和排出积水，以防雨水浸泡、冲刷影响基础质量。

3. 基坑开挖时，挖土一般分层平均往下开挖，较深的基坑每挖1m左右即应检查修边，随时控制纠正偏差。弃土应尽量及时运出，如需要临时堆土，堆土坡脚至坑边距离应按挖坑深度、边坡坡度和土的类别确定。基坑挖好后应尽量减少暴露时间，及时进行下一工序的施工。

4. 垫层混凝土宜用平板振动器进行振捣，要求垫层表面平整。垫层干硬后弹线，铺放钢筋网。垫钢筋网的水泥块厚度应等于混凝土保护层的厚度。在浇筑混凝土前，应清除模板和钢筋上的垃圾、泥土、油污等杂物，模板加以湿润。

5. 地脚螺栓等预埋件的钢材牌号、规格、尺寸均应符合塔机使用说明书的要求。安放预埋于基础中的地脚螺栓时，应使用专用模具，以保证螺栓位置准确。模具的中心线与基础的中心线重合。螺栓顶端伸出基础顶面的长度可按图纸要求的尺寸增加10～20mm，在基础顶面找平时留有余量。螺栓应保持垂直状态，不得偏斜。螺栓下端的钩内按图纸要求摆放钢筋，以增加螺栓的抗拔能力。螺栓应与基础钢筋绑扎固定；若使用焊接固定，焊接电流不宜过大，点焊即可，防止因过度施焊使螺栓材料变脆，在塔机安装或使用过程中螺栓折断。

6. 基础的钢筋绑扎和预埋件安装后，应按设计要求检查验收，合格后方可浇捣混凝土，浇捣中不得碰撞、移位钢筋或预埋件，混凝土浇筑后应及时保湿养护。基础四周应回填土并夯实。

7. 基础混凝土达到初凝强度后，应及时检查基础顶面的平整度和地脚螺栓伸出基础顶面的长度。如螺栓伸出长度符合图纸要求且有余量，应及时用高强度等级砂浆找平基础顶面；如螺栓伸出长度短于图纸要求，应及时将基础顶面凿平修整。基础顶面平整度允许偏差应符合表10-1的要求。

8. 安装塔机时基础混凝土应达到80%以上设计强度，塔机运行时基础混凝土应达到100%设计强度。

9. 基础混凝土施工中，在基础顶面四角应做好沉降及位移观察点，并做好原始记录，塔机安装后应定期观察并记录，沉降量不应超过50mm，倾斜率不应超过1.0‰。

10. 安装组合式基础的钢柱时，垂直度上端偏位值不应大于表10-2规定的允许值。格构式钢柱分肢应位于灌注桩的钢筋笼内且应与灌注桩的主筋焊接牢固。

11. 对于组合式基础，随着基坑土方的分层开挖，应在钢柱外侧四周采用逆作法及时设置型钢支撑，将四根钢柱连接为整体。

12. 基坑开挖中应保护好组合式基础的钢柱。开挖到设计标高后，应立即浇筑工程混凝土基础的垫层，宜在组合式基础的混凝土承台或型钢平台投影范围加厚垫层（不宜小于200mm）并掺入早强剂。由于施工过程中支承钢柱需要穿过地下室底板，在地下室底板施工前需做好钢柱的防水处理，在钢柱边焊接止水钢板。

13. 基础的防雷接地应按现行行业标准《施工现场临时用电安全技术规范》JGJ46的规定执行。

10.2 地基土检查验收

1. 塔机基础的基坑开挖后应按现行国家标准《建筑地基基础工程施工质量验收规范》GB 50202 的规定验槽，应检验坑底标高、长度和宽度、坑底平整度及地基土性是否符合设计要求，地质条件是否符合岩土工程勘察报告。

2. 基础土方开挖工程质量检验标准应符合现行国家标准《建筑地基基础工程施工质量验收规范》GB 50202 的规定。

3. 地基加固工程应在正式施工前进行试验段施工，并应论证设定的施工参数及加固效果。为验证加固效果所进行的载荷试验，其最大加载压力不应小于设计要求压力值的 2 倍。

4. 经地基处理后的复合地基的承载力应达到设计要求的标准。检验方法应按现行行业《建筑地基处理技术规范》JGJ79 的规定执行。

5. 地基土的检验除符合以上规定外，尚应符合现行国家标准《建筑地基基础工程施工质量验收规范》GB 50202 的有关规定，必要时应检验塔机基础下的复合地基。

10.3 基础检查验收

1. 钢材、水泥、砂、石子、外加剂等原材料进场时，应按现行国家标准《混凝土结构工程施工质量验收规范》GB 50204 和《钢结构工程施工质量验收规范》GB 50205 的规定做材料性能检验。

2. 基础的钢筋绑扎后，应作隐蔽工程验收。隐蔽工程应包括塔机预埋件或预埋节等。验收合格后方可浇筑混凝土。

3. 基础混凝土强度等级必须符合设计要求。用于检查结构构件混凝土强度的试件，应在混凝土浇筑地点随机抽取。取样与试件留置应符合现行国家标准《混凝土结构工程施工质量验收规范》GB 50204 的有关规定。

4. 基础结构的外观质量不应有严重缺陷，不宜有一般缺陷，对已经出现的严重缺陷或一般缺陷应采用相关处理方案进行处理，重新验收后方可安装塔机。

5．基础的尺寸允许偏差应符合表10-1的规定。

塔机基础尺寸允许偏差和检验方法　　　　表10-1

项目		允许偏差（mm）	检验方法
标高		±20	水准仪或拉线、钢尺检查
平面外形尺寸（长度、宽度、高度）		±20	钢尺检查
表面平整度		10、L/1000	水准仪或拉线、钢尺检查
洞穴尺寸		20	钢尺检查
预埋地脚螺栓	标高（顶部）	20	水准仪或拉线、钢尺检查
	中心距	±2	钢尺检查

注：表中 L 为矩形基础或十字形基础的长边。

6．基础工程验收除应符合上述要求外，尚应符合现行国家标准《混凝土结构工程施工质量验收规范》的规定。

10.4　桩基检查验收

1．预制桩（包括预制混凝土桩、预应力混凝土空心桩、钢桩）施工过程中应进行下列检验：

（1）打入深度、停锤标准、静压终止压力值及桩身（或架）垂直度检查；

（2）接桩质量、接桩间歇时间及桩顶完整情况；

（3）每米进尺锤击数、最后1.0m锤击数、总锤击数、最后三阵贯入度及桩尖标高等。

2．灌注桩施工过程中应进行下列检验：

（1）灌注混凝土前，应按现行行业标准《建筑桩基技术规范》JGJ 94的规定，对已成孔的中心位置、孔深、垂直度、孔底沉渣厚度进行检验；

（2）应对钢筋笼安放的实际位置等进行检查，并应填写相应质量检测、检查记录。

3. 混凝土灌注桩的强度等级应按现行行业标准《建筑桩基技术规范》JGJ 94 的规定进行检验。

4. 成桩桩位偏差的检查应按现行国家标准《建筑地基基础工程施工质量验收规范》GB 50202 和行业标准《建筑桩基技术规范》JGJ 94 的规定执行。

5. 桩基宜随同主体结构基础的工程桩进行承载力和桩身质量检验。

6. 基桩与承台的连接构造及主筋的锚固长度应符合本书第 8 章第 1 节中的构造要求,并符合现行行业标准《建筑桩基技术规范》JGJ 94 的规定。

10.5 格构式钢架检查验收

1. 钢材及焊接材料的品种、规格、性能等应符合国家产品标准和设计要求。焊条等焊接材料与母材的匹配应符合设计要求及现行行业标准《建筑钢结构焊接技术规程》JGJ 81 的规定。

2. 焊工应经考试合格并取得合格证书。

3. 焊缝厚度应符合设计要求,焊缝表面不得有裂纹、焊瘤、气孔、夹渣、弧坑裂纹、电弧擦伤等缺陷。

4. 格构式钢柱及缀件的拼接误差应符合设计要求及现行国家标准《钢结构工程施工质量验收规范》GB 50205 的规定。

5. 钢柱的安装误差应符合表 10-2 的规定。

钢柱安装的允许偏差　　　　表 10-2

项 目	允许偏差 (mm)	检验方法
柱端中心线对轴线的偏差	0~20	用吊线和钢尺检查
柱基准点标高	±10	用水准仪检查
柱轴线垂直度	$0.5H/100$ 且 ≤ 35	用经纬仪或吊线钢尺检查

注:表中 H 为钢柱的总长度。

11 计算机应用及设计计算书样本

塔机基础设计计算过程烦琐，用人工方法计算，费时费力容易出错，很多时间花费在用不同的数据、相同的计算公式做着重复的劳动。

在计算机已经相当普及的今天，我们可以用 Excel 软件编制一个计算程序，每次计算时只要输入少量的数据，把大量的计算工作交给计算机去完成。达到加快计算速度、减轻劳动强度、避免计算错误的目的。

Excel 软件系统功能强大、使用方便，大多数工程技术人员只要掌握其基本知识及使用技巧，都能很快学会编程的方法，且运用自如。

施工现场监理人员和起重设备检验人员往往要求塔机用户提供塔机基础设计计算书，用 Excel 软件编制的程序可直接以表格的形式打印出设计计算书文本。本章第 2 节提供了各种形式基础的设计计算书样本，供读者在编写计算程序或撰写设计计算书时参考。

11.1 Excel 软件基本知识及使用技巧

本节对 Excel 一些功能作简单介绍，读者要全面了解 Excel 的功能，可阅读有关书籍。

1. 工作簿和工作表

Excel 软件中用来处理和存储工作数据的文件称为工作簿，电子表格被称为工作表。工作簿非常类似于日常工作中使用的活页夹，可以随时将一张张工作表放入其中。

根据这一特点，我们可以把整个程序分成 1 个主程序和若干个子程序，主程序放置在一个工作表中，作为需要打印的计算书文本；一些次要的计算程序放置在其他的工作表中，相当于做计算工作时打的草稿。这样做的好处是，可以把整个程序设计成适合设计计算书的文本格式，条理清楚，使用起来更加方便灵活。

主程序和子程序的数据、计算结果可以在工作表之间互相映射。具体操作时，在某工作表的单元格中输入"="号，再点击另一工作表中相应的单元格，映射工作就自动完成。使用这一功能，可以减少数据输入量，避免发生错误。

2. 文字、数据和公式

书写在相应单元格中用于显示和打印的内容称为"文字"，包括中文、英文、空格、数学公式、其他字符和符号；用于参与计算的数值称为"数据"；要求计算机执行的计算任务称为"公式"。例如，在 A31 单元格中输入"基础自重标准值 $G_k = 25b^2h$"，是"文字"而不是公式，因为计算机不认这个公式，仅供阅读计算书使用；而在 C31 单元格中输入的"=25*C23^2*C24"才是公式，显示的是这个公式的计算结果，公式以"="或"+"号开头；C23 单元格中输入的"5.1"是数据，用于参与 C31 单元格中公式的计算。公式中引用的单元格地址不一定用键盘输入，可以用鼠标直接选中那个单元格即可。使用已经编辑好的计算程序时，仅修改数据，不修改文字和公式。

3. 单元格地址

工作表中每个单元格有一个地址，用列号+行号表示，如 A1、B2 等等。编写公式时，对使用过程中需要修改的数据，应输入相关单元格地址，而不是具体的数据。例如，在 C23 单元格中存放的是基础底面边长"5.1"，在 C24 单元格中存放的是基础高度"1.3"，在 C31 单元格中输入公式"=25*C23^2*C24"后，C31 单元格中显示的是计算结果"845.33"。如果把 C23 单元格中的数据修改为"5.2"，C31 单元格中的计算结果就自动变成了"878.80"。正是 Excel 的这一功能，使我们把大量的计算工作交给计算机去完成，并且可以多次重复使用所编的程序。

4. 每行完成一个计算步骤

工作表包含若干行。编程时，每行写入一组计算数据或一个计算步骤。

当发现遗漏了某些内容没有写进程序，这时可在某行前面插入几行，公式中的单元格地址也随之自动修改。例如，我们在前例第 23 行的前面插入了一行，公式中原来的单元格地址也随之变化，此时 C32（原来的 C31）单元格中的公式就自动变成了"=25*C24^2*C25"，计算结果不变。

5. 每列完成一项任务

工作表包含若干列，编程时可用一列完成一项任务。例如，用 A 列显示计算书的计算过程和公式，用 B 列显示计量单位，用 C 列完成塔机工作状态的计算任务，用 D 列完成塔机非工作状态的计算任务。

这里需要再次强调说明的是：A 列写入的计算公式从 Excel 的意义讲是"文字"，仅可显示和打印，而不能进行计算，供阅读设计计算书用；C、D 列的计算公式是要求计算机执行的，也是隐藏的，显示的是计算结果。如果我们需要编辑隐藏的公式时，选中这个单元格，隐藏的公式将在编辑栏中显示，即可对其进行编辑。

6. 相同的计算公式可"复制"完成

用不同的数据、相同的公式进行计算时，可以把某一单元格中编写好的公式复制到相应的单元格即可。例如，工作状态、非工作状态偏心距的计算公式相同，计算数据不同。用 C29、D29 两个单元格分别计算工作状态、非工作状态的偏心距，在 C29 单元格中编写了公式"=(C13+C15*C22)/(C14+C28)"后，将 C29 单元格中的内容"复制"到 D29 单元格，D29 单元格中的公式"=(D13+D15*D22)/(D14+D28)"就自动完成了。

这一功能大大减轻了编程工作量。

7. 单元格中的数据尽可能写成公式

如果相同行、不同列单元格中的数据相同（例如塔身截面边长，在工作状态和非工作状态都是 1.40m），在 C17 单元格中输入"1.40"，在 D17 单元格中输入"=C17"，D17 单元格中显示的也是"1.40"。使用时，修改了 C17 单元格中的数据，D17 单元格中的数据也随之变化。这样做的好处是，减少了修改数据的工作量，也减少了发生错误的可能性。

还有一种情况：如果我们在计算程序中需要用到圆管材料的外径、壁厚、截面面积、截面惯性矩、回转半径、截面模量等数据，如果把这些数据都以数据的形式输入单元格中，在变换了材料规格后，这些数据都要查表后全部重新输入；如果我们把截面面积、截面惯性矩、回转半径、截面模量等数据以公式的形式写入单元格，只要修改圆管外径、壁厚两个数据，这些相关数据也随之改变。避免了反复查表的麻烦，也减少了发生错误的可能性。

8. 运算符和优先次序

编写计算公式需要用到的运算符有算术运算符和比较运算符两种。

算术运算符有：+（加）、-（减）、*（乘）、/（除）、%（百分比运算）、^（指数运算）。算术运算的优先次序是先指数运算后乘除运算最后加减运算。同级运算按从左到右的顺序计算，如有括号，括号内的运算优先。括号符号全部使用圆括号"( )"，计算机不认大括号"{ }"和中括号"[ ]"。

比较运算符有：=（等于）、>（大于）、>=（大于等于）、<（小于）、<=（小于等于）、<>（不等于）。比较运算得到逻辑值的结果，当满足比较条件时为"TRUE"，不满足比较条件时为"FALSE"。

9. Excel 的函数功能

Excel 有很强的函数功能，可以进行数学计算、逻辑运算和判断。现选常用的一些加以说明：

（1）输入π。π是一个无理数，如果我们直接输入"3.14"，其精确度是小数点后2位；如果我们输入"3.14159"，精确度是小数点后5位；但是如果我们在计算公式中输入"=PI（）"，精确度是小数点后15位。这样做的好处是避免了记忆这个无理数的麻烦，也可以提高计算的精确度。

（2）三角函数。计算机计算三角函数值时，是以弧度为角度单位，因此在计算三角函数值时应将度数单位转换成弧度单位，$1\pi = 180°$。例如计算"tg6°"的三角函数值时，在D12单元格中输入"6"，在D43单元格中输入"=TAN（D12*PI（）/180）"，输出计算结果0.105104……。

（3）平方根。如果我们编写计算公式时需要用到无理数$\sqrt{2}$时，则写入"=SQRT（2）"即可；要求计算机执行计算公式$c = \sqrt{3^2 + 4^2}$时，则在相应的单元格中输入"=SQRT（C4^2 + C8^2）"，式中C4、C8分别是数据3、4的地址。以上这两个公式也可写成"=2^0.5"和"=（C4^2 + C8^2）^（1/2）"的形式。

（4）选择一组数据中的最大值。例如在C30单元格中输入"=MAX（C28，C29）"，就可以把C28、C29这2个单元格中的最大值选择出来，放置在C30单元格中。

（5）根据判断条件选择相应数值。例如在C55单元格中输入"=IF（C52<=0.215，C53，C54）"，这就表示：如果C52中的数据小于等于0.215，则C55=C53；如果C52中的数据大于0.215，则C55=C54。这一功能在计算"稳定系数Φ"时特别适用，避免了查表的麻烦。

（6）求绝对值。计算过程中有时要将负值转换成正值，这就是求绝对值。例如在计算基桩的拔力时，当$Q_{kmin} < 0$时，基桩上才出现拔力，拔力值$Q_k' = |Q_{kmin}|$。我们如果在D62单元格中写入"=IF（D57>=0，0，ABS（D57））"，当D57单元格中的数值大于等于零时，D62单元格中显示计算结果"0"；当D57单元格中的数值小于零时，D62单元格中显示的计算结

果是 D57 单元格中数值的绝对值,用于进行下一步计算。

(7) 取整。有些数据必须是整数,例如钢筋的数量不可能是小数,如果不对计算出来的钢筋数量进行取整处理,后续计算钢筋面积时也会出错。根据规定钢筋间距应不大于 200mm,为了避免每修改一次基础尺寸,就要重新输入一次钢筋数量的麻烦,我们如果在 C40 单元格中输入公式 "= INT((C23 * 10^3 - 100)/200 + 1 + 0.99)",当 C23 单元格中基础的底边长度是 "5.1" 时,C40 单元格显示的计算结果是 "26";如果把 C23 单元格中的数据修改为 "5.2",C40 单元格的计算结果是 "27",不会出现 "26.5" 这样的错误。[公式说明:"* 10^3" 是将 5.1m 换算成 5100mm;"-100" 是因为基础两侧各有 50mm 的混凝土保护层;"+1" 是因为钢筋数量比间距数量多 1;"+0.99" 是因为 INT( ) 函数是向下取整值;"+1 + 0.99" 可以合并写成 "+1.99"。]

(8) 判断计算结果。例如在 C23 单元格中输入塔机基础底边长度 "5.1",C32 单元格中是偏心距计算结果,C33 单元格中输入公式 "= IF(C32 < = C23/4, "满足", "不满足")"。当偏心距小于等于 $b/4$ 时,C33 单元格中就显示 "满足";当偏心距大于 $b/4$ 时,C33 单元格中就显示 "不满足"。当计算书中所有计算结果都显示 "满足" 时,说明基础设计是满足要求的;当出现 "不满足" 时,则需要修改某些数据,重新计算。这一功能符合计算书的格式,也便于我们对计算结果进行检查。

10. 调整某行在计算书的位置时,用"剪切",而不要用"复制"

需要调整某行在计算书中的位置时,可以选中这一行相应的单元格,"剪切"后"粘贴"到相应位置,这样可以保持公式中引用的单元格地址不变。使用"复制"却没有这一功能,公式中引用的单元格地址会发生相应的变化。

11. 单元格中的数据格式

选择 Excel 的"格式—单元格"对话框,可以把单元格中的数据或计算结果显示成你满意的格式,例如字体、保留小数位数、数值格式、对齐方式等等。

12. 单元格的行高、列宽

编辑程序过程中，我们经常要做的一个工作是调整单元格的行高或列宽，否则就不能获得满意的文本格式。调整的方法有两种：一是用鼠标直接拖曳，二是用"格式——行——行高"或"格式——列——列宽"进行调整。

13. 程序的重复使用

已编制好的计算程序可以多次重复使用，否则就失去了编程的意义。每次使用时，只要把已编制好的程序，使用"另存为"功能，另起一个文件名点击"保存"，就复制成一个新的文件，然后修改新文件中的概述和某些单元格中数据，计算机自动完成计算后，一份设计计算书便可打印出来。

11.2 设计计算书样本

由于各种形式塔机基础的计算方法不同，因此应该每种计算方法编制一个程序，使用时根据不同基础形式选用不同的计算程序。本节提供了各种形式基础的设计计算书样本见表 11-1 ~ 表 11-7，供读者在编程或撰写设计计算书时参考使用。

方形板式基础设计计算书样本 表 11-1

概述:简要介绍塔机型号、制造厂家、工程概况、塔机所处位置、地基情况、基础形式等内容

数据名称、计算步骤及公式	计量单位	工作状态	非工作状态
1. 已知条件			
持力层地基承载力特征值 f_{ak1} =	kPa	100	100
基础宽度的地基承载力修正系数 η_b =		0.0	0.0
基础埋深的地基承载力修正系数 η_{d1} =		1.0	1.0
基础底面以下土的重度 γ_1 =	kN/m³	18.9	18.9
基础底面以上土的加权平均重度 γ_{m1} =	kN/m³	19.6	19.6
基础埋置深度 d =	m	0.7	0.7
下卧层地基承载力特征值 f_{ak2} =	kPa	70	70
下卧层深度修正系数 η_{d2} =		1.0	1.0
持力层厚度 z =	m	1.4	1.4
地基压力扩散角 θ =	度	6	6
塔机作用于基础顶面的力矩荷载标准值 M_k =	kN·m	783.2	1090.1
塔机作用于基础顶面的竖向荷载标准值 F_k =	kN	282.6	250.3
塔机作用于基础顶面的水平荷载标准值 F_{vk} =	kN	15.8	60.2
塔身横截面边长 b_T =	m	1.40	1.40
C25 混凝土轴心抗拉强度设计值 f_t =	N/mm²	1.27	1.27
HRB 335 钢的抗拉、抗压强度设计值 f_y, f_y' =	N/mm²	300	300
由标准组合转化为基本组合的分项系数 γ =		1.35	1.35
2. 设			
基础底面边长 b =	m	4.9	4.9
基础高度 h =	m	1.2	1.2
表层钢筋直径 d' =	mm	14	14
底层钢筋直径 d =	mm	20	20
单层单向钢筋数量 n =	根	26	26
混凝土保护层厚度 c =	mm	70	70

续表

数据名称、计算步骤及公式	计量单位	工作状态	非工作状态
3. 抗倾覆稳定性计算			
基础自重标准值 $G_k = 25b^2 h$	kN	720.30	720.30
偏心距 $e = \dfrac{M + F_{vk} h}{F_k + G_k}$	m	0.800	1.198
$e \leqslant b/4$？		满足	满足
4. 持力层地基承载力计算			
修正后的地基承载力特征值 $f_a = f_{ak1} + \eta_b \gamma_1 (b-3) + \eta_{d1} \gamma_{m1}(d-0.5)$	kPa	103.92	103.92
基础对地基的平均压力 $p_k = \dfrac{F_k + G_k}{b^2}$	kPa	41.77	40.42
$p_k \leqslant f_a$？		满足	满足
基础底面抵抗矩 $W = b^3/6$	m³	19.6	19.6
基础底面边缘处的最大压力值① $p_{kmax1} = p_k + \dfrac{M_k + F_{vk} \cdot h}{W}$	kPa	82.68	99.70
地基反力合力作用点至基础底面最大压力边缘距离 $a = b/2 - e$	m	1.650	1.252
基础底面边缘处的最大压力值② $p_{kmax2} = \dfrac{2(F_k + G_k)}{3ba}$	kPa	82.69	105.44
如果 $e \leqslant b/6$，$p_{kmax} = p_{kmax1}$；否则 $p_{kmax} = p_{kmax2}$	kPa	82.68	105.44
$p_{kmax} \leqslant 1.2 f_a$？		满足	满足
5. 下卧层地基承载力计算			
基础底面处土的自重压力值 $p_c = \gamma_{m1} d$	kPa	13.72	13.72
下卧层顶面处的附加压力值 $p_z = \dfrac{b^2 (p_k - p_c)}{(b + 2z\tan\theta)^2}$	kPa	24.96	23.76
下卧层顶面处土的自重压力标准值 $p_{cz} = \gamma_1 z$	kPa	26.46	26.46

续表

数据名称、计算步骤及公式	计量单位	工作状态	非工作状态
下卧层顶面以上土的加权平均重度 $\gamma_{m2} = (\gamma_{m1}d + \gamma_1 z)/(d+z)$	kN/m³	19.13	19.13
经深度修正后的地基承载力特征值 $f_{az} = f_{ak2} + \eta_{d2}\gamma_{m2}(d+z-0.5)$	kPa	100.61	100.61
$p_z + p_{cz} \leqslant f_{az}$?		满足	满足
6. 配筋率			
钢筋间距 = $(1000b-100)/(n-1) \leqslant 200$mm?	mm	满足	满足
底层受拉钢筋合力至截面近边缘距离 $a_s = c + 1.5d$	mm	100	100
表层受压钢筋合力点至截面近边缘的距离 $a'_s = c + 1.5d'$	mm	91	91
底层受拉钢筋截面面积 $A_s = n\pi d^2/4$	mm²	8168	8168
配筋率 $\rho = \dfrac{A_s}{b(h-a_s)} \times 100\%$	%	0.152	0.152
$\rho \geqslant 0.15\%$?		满足	满足
7. 正截面受弯承载力计算			
基础边缘至塔身边缘Ⅰ—Ⅰ截面的距离 $s = (b-b_T)/2$	m	1.75	1.75
Ⅰ—Ⅰ截面处的地基净反力 $p_Ⅰ = p_{kmax}(3a-s)/(3a)$	kPa	53.45	56.33
作用于Ⅰ—Ⅰ截面弯矩标准值 $M_Ⅰ = \dfrac{1}{4}bs^2\left(p_{kmax}+p_Ⅰ-\dfrac{2G_k}{b^2}\right)$	kN·m	285.6	381.8
Ⅰ—Ⅰ截面弯矩设计值 $M = \gamma M_Ⅰ$	kN·m	385.6	515.4
$f_y A_s(h-a_s-a'_s) =$	kN·m	2472	2472
$M \leqslant f_y A_s(h-a_s-a'_s)$?		满足	满足

续表

数据名称、计算步骤及公式	计量单位	工作状态	非工作状态
8. 受冲切承载力计算			
截面高度影响系数 $\beta_{hp} = 0.9 + (2000 - h)/12000$		0.967	0.967
冲切破坏锥体有效高度 $h_0 = h - a_s$	mm	1100	1100
冲切锥体最不利一侧计算长度 $b_m = b_T + h_0$	mm	2500	2500
冲切锥体最不利一侧斜截面下边长 $b_b = b_T + 2h_0$	mm	3600	3600
冲切验算时取用的部分基底面积 $A_l = (b^2 - b_b^2)/4$	m^2	2.76	2.76
地基土净反力设计值 $F_l = \gamma(\rho_{kmax} - G_k/b^2)A_l$	kN	196.5	281.3
$0.7\beta_{hp} f_t b_m h_0 =$	kN	2363	2363
$F_l \leq 0.7\beta_{hp} f_t b_m h_0$?		满足	满足

计算依据：

1. GB 50007—2002《建筑地基基础设计规范》；
2. GB 50010—2002《混凝土结构设计规范》；
3. JGJ 196—2010《建筑施工塔式起重机安装、使用、拆卸安全技术规程》

设计人（签名）：　　　　　年　月　日
审批人（签名）：　　　　　年　月　日

十字形基础设计计算书样本　　　　　表11-2

概述：简要介绍塔机型号、制造厂家、工程概况、塔机所处位置、地基情况、基础形式等内容

数据名称、计算步骤及公式	计量单位	工作状态	非工作状态
1. 已知条件			
持力层地基承载力特征值 f_{ak1} =	kPa	220	220
基础宽度的地基承载力修正系数 η_b =		0.3	0.3
基础埋深的地基承载力修正系数 η_{d1} =		1.6	1.6
基础底面以下土的重度 γ_1 =	kN/m³	19.4	19.4
基础底面以上土的加权平均重度 γ_{m1} =	kN/m³	19.4	19.4
基础埋置深度 d =	m	1.53	1.53
下卧层地基承载力特征值 f_{ak2} =	kPa	140	140
下卧层深度修正系数 η_{d2} =		1.6	1.6
持力层厚度 z =	m	5.07	5.07
地基压力扩散角 θ =	度	23	23
塔机作用于基础顶面的力矩荷载标准值 M_k =	kN·m	783.2	1090.1
塔机作用于基础顶面的竖向荷载标准值 F_k =	kN	282.6	250.3
塔机作用于基础顶面的水平荷载标准值 F_{vk} =	kN	15.8	60.2
塔身横截面边长 b_T =	m	1.40	1.40
C25 混凝土轴心抗拉强度设计值 f_t =	N/mm²	1.27	1.27
HRB 335 钢的抗拉、抗压强度设计值 f_y、f_y' =	N/mm²	300	300
由标准组合转化为基本组合的分项系数 γ =		1.35	1.35
2. 设			
基础梁长度 l =	m	7.2	7.2
基础梁宽度 b_L =	m	0.85	0.85
腋对边尺寸 b_Y =	m	3.4	3.4
基础高度 h =	m	1.3	1.3
梁表层钢筋直径 d' =	mm	14	14
梁底层钢筋直径 d =	mm	20	20

续表

数据名称、计算步骤及公式	计量单位	工作状态	非工作状态
一根梁中纵向钢筋数量 $n=$	根	7	7
混凝土保护层厚度 $c=$	mm	70	70
3. 抗倾覆稳定性计算			
基础条形加腋部分的底面积 $A_0 = b_L l - \sqrt{2} b_L b_Y + b_Y^2$	m²	13.59	13.59
基础全部底面积 $A = 2b_L l - b_L^2 + (b_Y - \sqrt{2} b_L)^2$	m²	16.35	16.35
基础自重标准值 $G_k = 25Ah$	kN	531.32	531.32
条形加腋部分竖向荷载标准值 $G_0 = \dfrac{A_0}{A}(F_k + G_k)$	kN	676.74	649.88
偏心距 $e = \dfrac{M_k + F_{vk}h}{G_0}$	m	1.188	1.798
$e \leqslant l/4$?		满足	满足
4. 持力层地基承载力计算			
基础梁宽度小于 3m 按 3m 取值，$b=$	m	3.00	3.00
修正后的地基承载力特征值 $f_a = f_{ak1} + \eta_b \gamma_1 (b-3) + \eta_{d1} \gamma_{m1}(d-0.5)$	kPa	252.0	252.0
基础对地基的平均压力 $p_k = \dfrac{F_k + G_k}{A}$	kPa	49.8	47.8
$p_k \leqslant f_a$?		满足	满足
地基反力合力作用点至基础底面最大压力边缘距离 $a = l/2 - e$	m	2.412	1.802
地基最大压力值 $p_{kmax} = \dfrac{2G_0}{3b_L a}$	kPa	220.0	282.8
$p_{kmax} \leqslant 1.2 f_a$?		满足	满足
5. 下卧层地基承载力计算			
基础底面处土的自重压力值 $p_c = \gamma_{m1} d$	kPa	29.7	29.7
下卧层顶面处的附加压力值 $p_z = \dfrac{b_L (p_k - p_c)}{b_L + 2z \tan \theta}$	kPa	3.3	3.0

续表

数据名称、计算步骤及公式	计量单位	工作状态	非工作状态
下卧层顶面处土的自重压力标准值 $p_{cz} = \gamma_1 z$	kPa	98.4	98.4
下卧层顶面以上土的加权平均重度 $\gamma_{m2} = (\gamma_{m1}d + \gamma_1 z)/(d+z)$	kN/m³	19.40	19.40
经深度修正后的地基承载力特征值 $f_{az} = f_{ak2} + \eta_{d2}\gamma_{m2}(d+z-0.5)$	kPa	329.3	329.3
$p_z + p_{cz} \leqslant f_{az}$?		满足	满足
6. 配筋率			
底层受拉钢筋合力点至截面近边缘距离 $a_s = c + 0.5d$	mm	80	80
表层受压钢筋合力点至截面近边缘的距离 $a'_s = c + 0.5d'$	mm	77	77
底层普通受拉钢筋的截面面积 $A_s = n\pi d^2/4$	mm²	2199	2199
配筋率 $\rho = \dfrac{A_s}{b(h-a_s)} \times 100\%$	%	0.21	0.21
$\rho \geqslant 0.20\%$?		满足	满足
7. 正截面受弯承载力计算			
I—I 截面至梁端最大压力边缘的距离 $s = (l - \sqrt{2}b_T)/2$	m	2.610	2.610
I—I 截面处的地基净反力 $p_I = p_{k\max}(3a-s)/(3a)$	kPa	140.67	146.29
作用于 I—I 截面弯矩标准值 $M_I = \dfrac{1}{4}b_L s^2 \left(p_{k\max} + p_I - \dfrac{2G_k}{A} \right)$	kN·m	428.1	527.1
I—I 截面弯矩设计值 $M = \gamma M_I$	kN·m	577.9	711.6
$f_y A_s (h - a_s - a'_s)$	kN·m	754	754
$M \leqslant f_y A_s (h - a_s - a'_s)$?		满足	满足

续表

数据名称、计算步骤及公式	计量单位	工作状态	非工作状态
8. 斜截面承载力计算			
基础有效高度 $h_0 = h - a_s$	mm	1220	1220
截面高度影响系数 $\beta_h = (800/h_0)^{1/4}$		0.900	0.900
最大剪力设计值 $V = \dfrac{1}{2}\gamma\left(p_{k\max} + p_1 - \dfrac{2G_k}{A}\right)b_L s$	kN	442.8	545.3
$0.7\beta_h f_t b_L h_0$	kN	829.6	829.6
$F_l \leq 0.7\beta_h f_t b_L h_0$?		满足	满足

按构造要求配置 4 肢箍筋 $\phi 8@200\text{mm}$，基础加腋处顶面与底面均配置水平构造筋，$\phi 12@200\text{mm}$、竖向构造筋 $\phi 8@200\text{mm}$

计算依据：
1. GB 50007—2002《建筑地基基础设计规范》；
2. GB 50010—2002《混凝土结构设计规范》；
3. JGJ/T 187—2009《塔式起重机混凝土基础工程技术规程》

设计人（签名）：　　　　年　月　日
审批人（签名）：　　　　年　月　日

梁板式基础设计计算书样本			表 11-3	

概述：简要介绍塔机型号、制造厂家、工程概况、塔机所处位置、地基情况、基础形式等内容

数据名称、计算步骤及公式	计量单位	工作状态	非工作状态
1. 已知条件			
持力层地基承载力特征值 f_{ak1} =	kPa	100	100
基础宽度的地基承载力修正系数 η_b =		0.0	0.0
基础埋深的地基承载力修正系数 η_{d1} =		1.0	1.0
基础底面以下土的重度 γ_1 =	kN/m³	18.9	18.9
基础底面以上土的加权平均重度 γ_{m1} =	kN/m³	19.6	19.6
基础埋置深度 d =	m	0.7	0.7
下卧层地基承载力特征值 f_{ak2} =	kPa	70	70
下卧层深度修正系数 η_{d2} =		1.0	1.0
持力层的厚度 z =	m	1.4	1.4
地基压力扩散角 θ =	度	6	6
塔机作用于基础顶面的力矩荷载标准值 M_k =	kN·m	783.2	1090.1
塔机作用于基础顶面的竖向荷载标准值 F_k =	kN	282.6	250.3
塔机作用于基础顶面的水平荷载标准值 F_{vk} =	kN	15.8	60.2
塔身横截面边长 b_T =	m	1.40	1.40
C25 混凝土轴心抗拉强度设计值 f_t =	N/mm²	1.27	1.27
HRB 335 钢的抗拉、抗压强度设计值 f_y、f_y' =	N/mm²	300	300
由标准组合转化为基本组合的分项系数 γ =		1.35	1.35
2. 设			
基础边长 b =	m	5.1	5.1
基础高度 h =	m	1.3	1.3
梁宽 b_L =	m	0.7	0.7
腋对边尺寸 b_Y =	m	1.8	1.8
底板厚度 h_B =	m	0.2	0.2

续表

数据名称、计算步骤及公式	计量单位	工作状态	非工作状态
梁间回填土重度 $\gamma_T =$	kN/m³	15.0	15.0
底板钢筋直径 $d_1 =$	mm	10	10
底板单向钢筋数量 $n_1 =$	根	26	26
梁底层钢筋直径 $d_2 =$	mm	20	20
一根梁中底层纵向钢筋数量 $n_2 =$	根	6	6
梁表层钢筋直径 $d_3 =$	mm	14	14
箍筋直径 $d_4 =$	mm	8	8
混凝土保护层厚度 $c =$	mm	70	70
3. 抗倾覆稳定性			
基础混凝土量 $V_1 = b^2 h_B + b_Y^2 (h - h_B) + 2\sqrt{2} b_L (b - b_Y)(h - h_B)$	m³	15.95	15.95
梁间回填土量 $V_2 = (b^2 - b_Y^2 + 2\sqrt{2} b_Y b_L - 2\sqrt{2} b b_L)(h - h_B)$	m³	17.86	17.86
基础自重标准值 $G_k = 25 V_1 + \gamma_T V_2$	kN	666.7	666.7
偏心距 $e = \dfrac{M + F_{vk} h}{F_k + G_k}$	m	0.847	1.274
$e \leqslant b/4$?		满足	满足
4. 持力层地基承载力			
修正后的地基承载力特征值 $f_a = f_{ak1} + \eta_b \gamma_1 (b - 3) + \eta_{d1} \gamma_{m1} (d - 0.5)$	kPa	103.92	103.92
基础对地基的平均压力 $p_k = \dfrac{F_k + G_k}{b^2}$	kPa	36.50	35.26
$p_k \leqslant f_a$?		满足	满足
基础底面抵抗矩 $W = b^3/6$	m³	22.1	22.1

续表

数据名称、计算步骤及公式	计量单位	工作状态	非工作状态
基础底面边缘处的最大压力值① $p_{kmax1} = p_k + \dfrac{M_k + F_{vk} \cdot h}{W}$	kPa	72.85	88.10
地基反力合力作用点至基础底面最大压力边缘距离 $a = b/2 - e$	m	1.703	1.276
基础底面边缘处的最大压力值② $p_{kmax2} = \dfrac{2(F_k + G_k)}{3ba}$	kPa	72.85	93.95
如果 $e \leqslant b/6$,$p_{kmax} = p_{kmax1}$;否则 $p_{kmax} = p_{kmax2}$	kPa	72.85	93.95
$p_{kmax} \leqslant 1.2 f_a$?		满足	满足

5. 下卧层地基承载力

数据名称、计算步骤及公式	计量单位	工作状态	非工作状态
基础底面处土的自重压力值 $p_c = \gamma_{m1} d$	kPa	13.72	13.72
下卧层顶面处的附加压力值 $p_z = \dfrac{b^2(p_k - p_c)}{(b + 2z\tan\theta)^2}$	kPa	20.36	19.25
下卧层顶面处土的自重压力标准值 $p_{cz} = \gamma_1 z$	kPa	26.46	26.46
下卧层顶面以上土的加权平均重度 $\gamma_{m2} = (\gamma_{m1} d + \gamma_1 z)/(d + z)$	kN/m³	19.13	19.13
经深度修正后的地基承载力特征值 $f_{az} = f_{ak2} + \eta_{d2} \gamma_{m2}(d + z - 0.5)$	kPa	100.61	100.61
$p_z + p_{cz} \leqslant f_{az}$?		满足	满足

6. 配筋率

数据名称、计算步骤及公式	计量单位	工作状态	非工作状态
底板钢筋间距 = $(1000b - 100)/(n - 1) \leqslant 200$?	mm	满足	满足
底板单向钢筋面积 $A_{S1} = n_1 \pi d_1^2 / 4$	mm²	2042	2042
底板配筋率 $\rho_B = \dfrac{A_{s1}}{b(h_B - c - 1.5 d_1)} \times 100\%$	%	0.35	0.35

续表

数据名称、计算步骤及公式	计量单位	工作状态	非工作状态
$\rho_B \geqslant 0.15\%$？		满足	满足
梁底层钢筋面积 $A_{S2} = n_2 \pi d_2^2 / 4$	mm²	1885	1885
梁配筋率 $p_L = \dfrac{A_{S2}}{b_L(h - c - 2d_1 - d_4 - 0.5d_2)} \times 100\%$	%	0.23	0.23
$p_L \geqslant 0.20\%$？		满足	满足
7. 正截面受弯承载力			
基础边缘至塔身边缘 I—I 截面的距离 $s = (b - b_T)/2$	m	1.85	1.85
I—I 截面处的地基净反力 $p_I = p_{kmax}(3a - s)/(3a)$	kPa	46.48	48.54
作用于 I—I 截面弯矩标准值 $M_I = \dfrac{1}{4} bs^2 \left(p_{kmax} + p_I - \dfrac{2G_k}{b^2} \right)$	kN·m	297.0	398.1
I—I 截面弯矩设计值 $M = \gamma M_I$	kN·m	401.0	537.4
受拉钢筋计算面积 $A_s = A_{s1} + \sqrt{2} A_{s2}$	mm²	4708	4708
受拉钢筋合力作用点至截面近边缘距离 $a_s = \dfrac{A_{s1}(c + 1.5d_1) + A_{s2}(c + 2d_1 + d_4 + 0.5d_2)}{A_s}$	mm	98	98
受压钢筋合力点至截面近边缘距离 $a'_s = c_1 + 0.5d_3$	mm	77	77
$f_y A_s (h - a_s - a'_s)$	kN·m	1589	1589
$M \leqslant f_y A_s (h - a_s - a'_s)$？		满足	满足
8. 底板受冲切承载力计算			
截面高度影响系数 $\beta_{hp} = 0.9 + (2000 - h_B)/12000$，当 $h_B \leqslant 800$ 时取 $h_B = 800$		1.000	1.000
底板有效高度 $h_{B0} = h_B - c - 1.5d_1$	mm	115	115

续表

数据名称、计算步骤及公式	计量单位	工作状态	非工作状态
临界截面周长 $u_m = \sqrt{2}(b - b_Y - b_L - 2h_{B0}) + b_Y + h_{B0}$	mm	5267	5267
冲切计算面积 $A_l = \frac{1}{4}(b - b_Y - 2h_{B0})(b + b_Y - 2\sqrt{2}b_L + 2h_{B0} - 4\sqrt{2}h_{B0})$	m²	3.45	3.45
地基反力设计值 $F_l = \gamma\left(p_{k\max} - \frac{G_k}{b^2}\right)A_l$	kN	220.1	318.5
$0.7\beta_{hp}f_t u_m h_{B0} =$	kN	538.4	538.4
$F_l \leq 0.7\beta_{hp}f_t u_m h_{B0}$?		满足	满足

计算依据：
1. GB 50007—2002《建筑地基基础设计规范》；
2. GB 50010—2002《混凝土结构设计规范》；
3. JGJ 196—2010《建筑施工塔式起重机安装、使用、拆卸安全技术规程》；
4. 严尊湘，孙苏. 塔式起重机梁板式基础的设计计算［J］. 建筑机械，2005，10

设计人（签名）：　　　　　年　月　日
审批人（签名）：　　　　　年　月　日

桩基础（无暗梁板式承台）设计计算书样本   表11-4

概述：简要介绍塔机型号、制造厂家、工程概况、塔机所处位置、地基情况、基桩、承台形式等

数据名称、计算步骤及公式	计量单位	工作状态	非工作状态
1. 已知条件			
①号土层层顶高程 $h_1 =$	m	6.68	6.68
②号土层层顶高程 $h_2 =$	m	5.68	5.68
③号土层层顶高程 $h_3 =$	m	−10.62	−10.62
③−1号土层层顶高程 $h_4 =$	m	−17.82	−17.82
④号土层层顶高程 $h_5 =$	m	−24.82	−24.82
①号土层桩的极限侧阻力标准值 $q_{sik} =$	kPa	0	0
②号土层桩的极限侧阻力标准值 $q_{sik} =$	kPa	21	21
③号土层桩的极限侧阻力标准值 $q_{sik} =$	kPa	60	60
③−1号土层桩的极限侧阻力标准值 $q_{sik} =$	kPa	23	23
④号土层桩的极限侧阻力标准值 $q_{sik} =$	kPa	100	100
④号土层桩的极限端阻力标准值 $q_{Pk} =$	kPa	1600	1600
基桩抗拔系数 $\lambda_i =$		0.8	0.8
基桩成桩工艺系数 $\psi_c =$		0.7	0.7
塔机作用于承台顶面的力矩荷载标准值 $M_k =$	kN·m	783.2	1090.1
塔机作用于承台顶面的竖向荷载标准值 $F_k =$	kN	282.6	250.3
塔机作用于承台顶面的水平荷载标准值 $F_{vk} =$	kN	15.8	60.2
塔身横截面边长 $b_T =$	m	1.40	1.40
C25混凝土轴心抗压强度设计值 $f_c =$	N/mm²	11.9	11.9
C25混凝土轴心抗拉强度设计值 $f_t =$	N/mm²	1.27	1.27
HRB 335钢的抗拉、抗压强度设计值 f_y、$f_y' =$	N/mm²	300	300
由标准组合转化为基本组合的分项系数 $\gamma =$		1.35	1.35
2. 设			
桩间距 $b_Z =$	m	3.2	3.2

续表

数据名称、计算步骤及公式	计量单位	工作状态	非工作状态
桩顶高程 $h_z =$	m	5.0	5.0
桩的数量 $n_Z =$	根	4	4
桩的长度 $l_z =$	m	31.0	31.0
桩身直径 $D_Z =$	m	0.5	0.5
桩身主筋直径 $d_z =$	mm	12	12
桩身主筋数量 $n =$	根	10	10
承台边长 $b =$	m	4.3	4.3
承台高度 $h =$	m	1.0	1.0
承台表层钢筋直径 $d'_c =$	mm	16	16
承台底层钢筋直径 $d_c =$	mm	22	22
承台底层单向钢筋数量 $n_c =$	根	22	22
表层混凝土保护层厚度 $c' =$	mm	100	100
底层混凝土保护层厚度 c	mm	50	50
3. 桩基构造要求			
基桩配筋率 $\rho = A_s/A_p \times 100\%$	%	0.576	0.576
混凝土灌注桩纵向钢筋配筋率不宜小于 $0.20\% \sim 0.65\%$		满足	满足
摩擦型桩的中心距不宜小于桩身直径的 3 倍: $b_Z \geqslant 3D_Z$?		满足	满足
桩底进入持力层的深度不小于桩身直径的 2 倍: $l_4 \geqslant 2D_Z$?		满足	满足
边桩中心至承台边缘距离不小于桩的直径: $(b - b_Z)/2 \geqslant D_Z$?		满足	满足
桩外边缘到承台边缘的距离不小于 200mm: $(b - b_Z - D_Z)/2 \geqslant 200mm$?		满足	满足

续表

数据名称、计算步骤及公式	计量单位	工作状态	非工作状态
4. 计算桩及承台的有关数据			
桩在②号土层的长度 $l_1 = h_z - h_3$	m	15.62	15.62
③号土层厚度 $l_2 = h_3 - h_4$	m	7.20	7.20
③-1号土层厚度 $l_3 = h_4 - h_5$	m	7.00	7.00
桩端入④号持力层长度 $l_4 = l_z - l_1 - l_2 - l_3$	m	1.18	1.18
桩截面周长 $u = \pi D_z$	m	1.57	1.57
桩底（桩身）截面积 $A_p(A_{ps}) = \pi D_Z^2 / 4$	m²	0.196	0.196
承台自重标准值 $G_k = 25 b^2 h$	kN	462.3	462.3
5. 基桩竖向承载力计算			
基桩平均竖向力 $Q_k = \dfrac{F_k + G_k}{n_z}$	kN	186	178
按对角线方向计算角桩最大竖向力 $Q_{kmax} = Q_k + \dfrac{M_k + F_{vk} h}{\sqrt{2} b_z}$	kN	363	432
按对角线方向计算角桩最小竖向力 $Q_{kmin} = Q_k - \dfrac{M_k + F_{vk} h}{\sqrt{2} b_z}$	kN	10	-76
单桩竖向承载力特征值 $R_a = \dfrac{1}{2}(u \sum q_{sik} \cdot l_i + q_{pk} \cdot A_p)$	kN	973	973
$Q_k \leq R_a$?		满足	满足
$Q_{kmax} \leq 1.2 R_a$?		满足	满足
6. 基桩抗拔承载力计算			
当 $Q_{kmin} \geq 0$ 时, $Q'_k = 0$; 当 $Q_{kmin} < 0$ 时, $Q'_k = \|Q_{kmin}\|$	kN	0	76

续表

数据名称、计算步骤及公式	计量单位	工作状态	非工作状态
按浮重度计算桩身重力标准值 $G_p = 15 A_p l_z$	kN	91	91
单桩竖向抗拔承载力特征值 $R'_a = \frac{1}{2} u \sum \lambda_i q_{sik} t_i + G_p$	kN	744	744
$Q'_k \leqslant R'_a$?		满足	满足
7. 桩身承载力计算			
桩身竖向承载力设计值 $Q = \gamma Q_{kmax}$	kN	490	584
桩身纵向主筋截面积 $A_s(A'_s) = n\pi d_z^2/4$	mm²	1131	1131
桩身承载力 $\Psi_c f_c A_p + 0.9 f'_y A'_s$	kN	1941	1941
$Q \leqslant \psi_c f_c A_p + 0.9 f'_y A'_s$?	kN	满足	满足
8. 桩身抗拔承载力计算			
桩顶轴向拉力设计值 $Q' = \gamma Q'_k$	kN	0	103
桩身抗拔承载力 $f_y A_s =$	kN	339	339
$Q' \leqslant f_y A_s$?		满足	满足
9. 承台配筋率计算			
钢筋间距 $= (1000b - 100)/(n-1) \leqslant 200 mm$?		满足	满足
底层受拉钢筋合力点至截面近边缘距离 $a_s = c + 1.5d$	mm	83	83
表层受压钢筋合力点至截面近边缘的距离 $a'_s = c + 1.5d'$	mm	124	124
底层受拉钢筋的截面面积 $A_s = n_c \pi d_c^2/4$	mm²	8363	8363
配筋率 $\rho = \dfrac{A_s}{b(h-a_s)} \times 100\%$	%	0.21	0.21
$\rho \geqslant 0.20\%$?		满足	满足
10. 承台正截面受弯承载力计算			

续表

数据名称、计算步骤及公式	计量单位	工作状态	非工作状态
不计承台自重，边桩竖向反力设计值 $N_i = \gamma \left(\dfrac{F_k}{n_z} + \dfrac{M_k + F_{vk}h}{2b_z} \right)$	kN	264	327
边桩中心至塔身边缘 $\mathrm{I}—\mathrm{I}$ 截面的距离 $s = (b_Z - b_T)/2$	m	0.90	0.90
$\mathrm{I}—\mathrm{I}$ 截面的弯矩设计值 $M = 2N_i s$	kN·m	475	589
$f_y A_s (h - a_s - a'_s) =$	kN·m	1990	1990
$M \leqslant f_y A_s (h - a_s - a'_s)$?		满足	满足
11. 承台斜截面承载力计算			
不计承台自重，斜截面最大剪力设计值 $V = 2N_i$	kN	528	654
承台截面有效高度 $h_0 = h - a_s$	mm	917	917
截面高度影响系数 $\beta_{hs} = (800/h_0)^{1/4}$		0.966	0.966
$\mathrm{I}—\mathrm{I}$ 截面至桩内边缘的水平距离 $a = (b_Z - b_T - d_Z)/2$	mm	650	650
计算截面剪跨比 $\lambda = a/h_0$		0.71	0.71
剪切系数 $\alpha = 1.75/(\lambda + 1)$		1.02	1.02
$\beta_{hs} \alpha f_t b h_0 =$	kN	4956	4956
$V \leqslant \beta_{hs} \alpha f_t b h_0$?		满足	满足
12. 角桩对承台的冲切承载力计算			
角桩桩顶竖向力设计值 $N_l = \gamma \left(Q_{kmax} - \dfrac{G_k}{n_z} \right)$	kN	334	428
角桩内边缘至承台外边缘的水平距离 $c = (b - b_Z + d_Z)/2$	mm	800	800
截面高度影响系数 $\beta_{hp} = 0.9 + (2000 - h)/12000$		0.983	0.983
角桩冲切系数 $\beta_1 = 0.56/(\lambda + 0.2)$		0.616	0.616

续表

数据名称、计算步骤及公式	计量单位	工作状态	非工作状态
$2\beta_1\left(c+\dfrac{a_1}{2}\right)\beta_{hp}f_t h_0 =$	kN	1588	1588
$N_l \leqslant 2\beta_1\left(c+\dfrac{a_1}{2}\right)\beta_{hp}f_t h_0$?		满足	满足

计算依据：
1. GB 50007—2002《建筑地基基础设计规范》；
2. GB 50010—2002《混凝土结构设计规范》；
3. JGJ 94—2008《建筑桩基技术规程》；
4. JGJ/T 187—2009《塔式起重机混凝土基础工程技术规程》

设计人（签名）：　　　　年　月　日
审批人（签名）：　　　　年　月　日

桩基础（十字形承台）设计计算书样本　　表11-5

概述：简要介绍塔机型号、制造厂家、工程概况、塔机所处位置、地基情况、桩基和承台形式

数据名称、计算步骤及公式	计量单位	工作状态	非工作状态
1. 已知条件			
①号土层层顶高程 h_1 =	m	6.68	6.68
②号土层层顶高程 h_2 =	m	5.68	5.68
③号土层层顶高程 h_3 =	m	-10.62	-10.62
③-1号土层层顶高程 h_4 =	m	-17.82	-17.82
④号土层层顶高程 h_5 =	m	-24.82	-24.82
①号土层桩的极限侧阻力标准值 q_{sik} =	kPa	0	0
②号土层桩的极限侧阻力标准值 q_{sik} =	kPa	21	21
③号土层桩的极限侧阻力标准值 q_{sik} =	kPa	60	60
③-1号土层桩的极限侧阻力标准值 q_{sik} =	kPa	23	23
④号土层桩的极限侧阻力标准值 q_{sik} =	kPa	100	100
④号土层桩的极限端阻力标准值 q_{Pk} =	kPa	1600	1600
基桩抗拔系数 λ_i =		0.8	0.8
基桩成桩工艺系数 ψ_c =		0.7	0.7
塔机作用于承台顶面的力矩荷载标准值 M_k =	kN·m	783.2	1090.1
塔机作用于承台顶面的竖向荷载标准值 F_k =	kN	282.6	250.3
塔机作用于承台顶面的水平荷载标准值 F_{vk} =	kN	15.8	60.2
塔身横截面边长 b_T =	m	1.4	1.4
C25混凝土轴心抗压强度设计值 f_c =	N/mm²	11.9	11.9
C25混凝土轴心抗拉强度设计值 f_t =	N/mm²	1.27	1.27
HRB 335钢的抗拉、抗压强度设计值 f_y、f_y' =	N/mm²	300	300
HPB 235钢的抗拉、抗压强度设计值 f_y、f_y' =	N/mm²	210	210
由标准组合转化为基本组合的分项系数 γ =		1.35	1.35
2. 设			

续表

数据名称、计算步骤及公式	计量单位	工作状态	非工作状态
桩顶高程 $h_Z =$	m	5.0	5.0
桩的数量 $n_Z =$	根	4	4
桩的长度 $l_Z =$	m	31.0	31.0
桩身直径 $D_Z =$	m	0.5	0.5
桩间距 $b_Z =$	m	3.2	3.2
桩身主筋直径 $d_Z =$	mm	12	12
桩身主筋数量 $n =$	根	10	10
梁长 $l_L =$	m	6	6
梁宽 $b_L =$	m	0.7	0.7
腋对边尺寸 $b_Y =$	m	2	2
承台高度 $h =$	m	1.3	1.3
梁表层钢筋直径 $d'_c =$	mm	18	18
梁底层钢筋直径 $d_c =$	mm	25	25
梁底层钢筋数量 $n_c =$	根	4	4
箍筋直径 $d_{sv} =$	mm	8	8
箍筋肢数 $n_{sv} =$	肢	4	4
箍筋间距 $s =$	mm	200	200
表层混凝土保护层厚度 $c' =$	mm	100	100
底层混凝土保护层厚度 $c =$	mm	50	50
3. 桩基构造要求			
基桩配筋率 $\rho = A_s/A_p \times 100\%$	%	0.576	0.576
混凝土灌注桩纵向钢筋配筋率不宜小于 0.20%~0.65%		满足	满足
摩擦型桩的中心距不宜小于桩身直径的 3 倍： $b_Z \geq 3D_Z$?		满足	满足

续表

数据名称、计算步骤及公式	计量单位	工作状态	非工作状态
桩底进入持力层的深度不小于桩身直径的2倍: $l_4 \geq 2D_Z$?		满足	满足
桩外边缘至承台梁边缘的距离不小于75mm: $(b_L - D_Z)/2 \geq 75\text{mm}$?		满足	满足
4. 计算桩及承台的有关数据			
桩在②号土层的长度 $l_1 = h_z - h_3$	m	15.62	15.62
③号土层厚度 $l_2 = h_3 - h_4$	m	7.20	7.20
③-1号土层厚度 $l_3 = h_4 - h_5$	m	7.00	7.00
桩端入④号持力层长度 $l_4 = l_z - l_1 - l_2 - l_3$	m	1.18	1.18
桩截面周长 $u = \pi D_z$	m	1.57	1.57
桩底(桩身)截面积 $A_p(A_{ps}) = \pi D_Z^2/4$	m²	0.196	0.196
承台底面积 $A = 2b_L l_L - b_L^2 + (b_Y - \sqrt{2}b_L)^2$	m²	8.93	8.93
承台自重标准值 $G_k = 25Ah$	kN	290.2	290.2
5. 基桩竖向承载力计算			
基桩平均竖向力 $Q_k = \dfrac{F_k + G_k}{n_z}$	kN	143	135
角桩最大竖向力 $Q_{kmax} = Q_k + \dfrac{M_k + F_{vk}h}{\sqrt{2}b_Z}$	kN	321	393
角桩最小竖向力 $Q_{kmin} = Q_k - \dfrac{M_k + F_{vk}h}{\sqrt{2}b_Z}$	kN	-34	-123
单桩竖向承载力特征值 $R_a = \dfrac{1}{2}(u \sum q_{sik} \cdot l_i + q_{pk} \cdot A_p)$	kN	973	973
$Q_k \leq R_a$?		满足	满足
$Q_{kmax} \leq 1.2R_a$?		满足	满足

续表

数据名称、计算步骤及公式	计量单位	工作状态	非工作状态
6. 基桩抗拔承载力计算			
当 $Q_{kmin} \geq 0$ 时，$Q'_k = 0$；当 $Q_{kmin} < 0$，$Q'_k = \lvert Q_{kmin} \rvert$	kN	34	123
单桩竖向抗拔承载力特征值 $R'_a = \dfrac{1}{2} u \sum \lambda_i q_{sik} l_i + G_p$	kN	744	744
$Q'_k \leq R'_a$?		满足	满足
7. 桩身承载力计算			
桩身竖向承载力设计值 $Q = \gamma Q_{kmax}$	kN	433	531
桩身纵向主筋截面积 $A_s(A'_s) = n_z \pi d_z^2 / 4$	mm²	1131	1131
桩身承载力 $\Psi_c f_c A_{ps} + 0.9 f'_y A'_s =$	kN	1941	1941
$Q \leq \psi_c f_c A_{ps} + 0.9 f'_y A'_s$?	kN	满足	满足
8. 桩身抗拔承载力计算：			
桩顶轴向拉力设计值 $Q' = \gamma Q'_k$	kN	46	166
桩身抗拔承载力 $f_y A_s =$	kN	339	339
$Q' \leq f_y A_s$?		满足	满足
9. 承台梁配筋率			
底层受拉钢筋合力点至截面近边缘距离 $a_s = c + 0.5d$	mm	63	63
表层受压钢筋合力点至截面近边缘的距离 $a'_s = c + 0.5d'$	mm	109	109
底层受拉钢筋的截面面积 $A_s = n_c \pi d_c^2 / 4$	mm²	1963	1963
配筋率 $\rho = \dfrac{A_s}{b_L(h - a_s)} \times 100\%$	%	0.23	0.23
$\rho \geq 0.20\%$?		满足	满足
10. 承台正截面受弯承载力计算			

续表

数据名称、计算步骤及公式	计量单位	工作状态	非工作状态
不计承台自重，角桩的竖向反力设计值 $N_i = \gamma \left(\dfrac{F_k}{n_Z} + \dfrac{M_k + F_{vk}h}{\sqrt{2}b_Z} \right)$	kN	335	433
角桩中心至塔身柱边距离 $s = \dfrac{\sqrt{2}}{2}(b_Z - b_T)$	m	1.273	1.273
计算截面处的弯矩设计值 $M = N_i s$	kN·m	427	551
$f_y A_s (h - a_s - a'_s)$	kN·m	665	665
$M \leq f_y A_s (h - a_s - a'_s)$?		满足	满足

11. 承台斜截面承载力计算

数据名称、计算步骤及公式	计量单位	工作状态	非工作状态
不计承台自重，斜截面最大剪力设计值 $V = N_i$	kN	335	433
承台截面有效高度 $h_0 = h - a_s$	mm	1238	1238
塔身柱边至桩内边缘的水平距离 $a = \dfrac{\sqrt{2}}{2}(b_Z - b_T) - \dfrac{1}{2}d_Z$	mm	1023	1023
计算截面剪跨比 $\lambda = a/h_0$，$\lambda < 1.5$ 时，取 $\lambda = 1.5$		1.50	1.50
同一截面内箍筋各肢的全部截面面积 $A_{sv} = n_{sv} \pi d_{sv}^2 / 4$	mm²	201	201
$\dfrac{1.75}{\lambda+1} f_t b_L h_0 + f_{yv} \dfrac{A_{sv}}{s} h_0 =$	kN	1031	1031
$V \leq \dfrac{1.75}{\lambda+1} f_t b_L h_0 + f_{yv} \dfrac{A_{sv}}{s} h_0$?		满足	满足

计算依据：

1. GB 50007—2002《建筑地基基础设计规范》；
2. GB 50010—2002《混凝土结构设计规范》；
3. JGJ 94—2008《建筑桩基技术规程》；
4. JGJ/T 187—2009《塔式起重机混凝土基础工程技术规程》

设计人（签名）：　　　　年　月　日

审批人（签名）：　　　　年　月　日

组合式基础（钢平台）设计计算书样本 表11-6

概述：简要介绍塔机型号、制造厂家、工程概况、塔机所处位置、地基情况、组合式基础形式

数据名称、计算步骤及公式	计量单位	工作状态	非工作状态
1. 已知条件			
塔机作用于平台顶面的力矩荷载标准值 $M_k =$	kN·m	783.2	1090.1
塔机作用于平台顶面的竖向荷载标准值 $F_k =$	kN	282.6	250.3
塔机作用于平台顶面的水平荷载标准值 $F_{vk} =$	kN	15.8	60.2
作用于平台顶面的扭矩标准值 $T_k =$	kN·m	35.4	0.0
由标准组合转化为基本组合的分项系数 $\gamma =$		1.35	1.35
Q235钢抗拉、抗压、抗弯强度设计值 $f =$	N/mm²	215	215
Q235钢材料屈服强度 $f_y =$	N/mm²	235	235
Q235钢材料弹性模量 $E =$	N/mm²	2.06E+05	2.06E+05
Q235钢角焊缝强度设计值 $f_f^w =$	N/mm²	160	160
C级螺栓抗拉强度设计值 $f_t^b =$	N/mm²	170	170
C级螺栓抗剪强度设计值 $f_v^b =$	N/mm²	140	140
H200×200×8×12型钢截面面积 $A_0 =$	mm²	6428	6428
H200×200×8×12型钢最小惯性矩 $I_{min} =$	mm⁴	1.60E+07	1.60E+07
H200×200×8×12型钢最小回转半径 $i_{min} =$	mm	49.90	49.90
∟100×8截面面积 $A_1 =$	mm²	1563.80	1563.80
∟100×8最小回转半径 $i_{min} =$	mm	19.80	19.80
格构式钢架截面塑性发展系数 $\gamma_x =$		1.00	1.00
2. 设			
钢柱（桩）中心距离 $b_Z =$	m	2.50	2.50
钢架高度 $h_J =$	m	5.2	5.2
缀条节点间距 $l_0 =$	mm	1500	1500
连接板厚度 $h_1 =$	mm	40	40
平台梁高度 $h_2 =$	mm	200	200

续表

数据名称、计算步骤及公式	计量单位	工作状态	非工作状态
经计算，钢架重力标准值 $G_{Jk}=$	kN	40.40	40.40
3. 整体强度			
钢柱截面面积 $A_n = 4A_0$	mm²	25712	25712
钢架截面惯性矩 $I = 4\left[I_{min} + A_0\left(\dfrac{b_z}{2}\right)^2\right]$	mm⁴	4.02E+10	4.02E+10
钢架毛截面模量 $W_n = I/(b_z/2)$	mm³	3.22E+07	3.22E+07
轴心压力设计值 $N = \gamma(F_k + G_{Jk})$	kN	436.1	392.4
弯矩荷载设计值 $M = \gamma(M_k + F_{vk}h_J)$	kN·m	1168.2	1894.2
强度 $\sigma = \dfrac{N}{A_n} + \dfrac{M}{\gamma_x W_n}$	N/mm²	53.2	74.1
$\sigma \leq f$?		满足	满足
4. 整体稳定性			
钢架回转半径 $i = \sqrt{\dfrac{I}{A_n}}$	mm	1251	1251
钢架计算长度 $l_0 = 2.1h_J$	mm	10920	10920
钢架长细比 $\lambda = l_0/i$		8.73	8.73
换算长细比 $\lambda_0 = \sqrt{\lambda^2 + 40\dfrac{A_n}{2A_1}}$		20.1	20.1
$\lambda_0 \leq 150$?		满足	满足
b 类截面，轴心受压构件稳定系数 $\varphi =$		0.970	0.970
参数 $N'_E = \dfrac{\pi^2 EA}{1.1\lambda_0^2}$	N	1.17E+08	1.17E+08
$\sigma = \dfrac{N}{\varphi A} + \dfrac{\beta_{mx}M}{W\left(1 - \varphi\dfrac{N}{N'_E}\right)} =$	N/mm²	53.9	74.8
$\sigma \leq f$?		满足	满足
5. 分肢稳定性			
分肢长细比 $\lambda_1 = l_0/i_{min}$		30.1	30.1

续表

数据名称、计算步骤及公式	计量单位	工作状态	非工作状态状态
b 类截面，轴心受压构件稳定系数 $\varphi_1 =$		0.936	0.936
分肢轴心压力设计值 $N_1 = \dfrac{N}{4} + \dfrac{M}{\sqrt{2}b_z}$	kN	439.4	633.9
$\sigma_1 = \dfrac{N_1}{\varphi_1 A_0}$	N/mm²	73.0	105.4
$\sigma_1 < f$？		满足	满足
6. 缀条稳定性			
实际剪力 $V_1 = \gamma\left(F_{vk} + \dfrac{T_k}{2b_z}\right)$	N	30875	81270
假想剪力 $V_2 = \dfrac{Af}{85}\sqrt{\dfrac{f_y}{235}}$	N	65036	65036
取两个剪力值中的大值，$V = \max(V_1, V_2)$	N	65036	81270
斜缀条与平缀条之间的夹角 $\theta =$	度	29	29
斜缀条内力 $N_c = V/(2\cos\theta)$	N	37180	46460
斜缀条计算长度 $l_c = \sqrt{l_0^2 + b_z^2}$	mm	2915	2915
长细比 $\lambda_c = l_c / i_{\min}$		147	147
b 类截面，轴心受压构件稳定系数 $\varphi_c =$		0.318	0.318
$\sigma_c = \dfrac{N_c}{\varphi_c A_1}$	N/mm²	74.8	93.4
$\sigma_c \leqslant f$？		满足	满足
7. 焊缝 1 强度验算：			
焊缝弯矩设计值 $M_{f1} = \gamma\left(M_k - \dfrac{\sqrt{2}}{2}F_k b_z + F_{vk} h_1\right)$	kN·m	383.8	877.5
焊缝剪力设计值 $V_f = \gamma F_{vk}$	kN	21.3	81.3
经计算，焊缝 1 有效截面面积 $A_{e1} =$	mm²	34720	34720
经计算，焊缝 1 截面模量 $W_{e1} =$	mm³	4.71E+07	4.71E+07

续表

数据名称、计算步骤及公式	计量单位	工作状态	非工作状态
弯曲应力 $\sigma_{f1} = M_{f1}/W_{e1}$	N/mm²	8.1	18.6
剪切应力 $\tau_{f1} = V_{f1}/A_{e1}$	N/mm²	0.6	2.3
折算应力 $\sqrt{\left(\dfrac{\sigma_{f1}}{1.22}\right)^2 + \tau_{f1}^2}$	N/mm²	6.7	15.5
折算应力 $\leqslant f_f^w$?		满足	满足
8. 焊缝 2 强度验算:			
焊缝弯矩设计值 $M_{f2} = \gamma\left[M_k - \dfrac{\sqrt{2}}{2}F_k b_z + F_{vk}(h_1 + h_2)\right]$	kN·m	388.0	893.8
经计算,焊缝 2 有效截面面积 $A_{e2} =$	mm²	11260	11260
经计算,焊缝 2 截面模量 $W_{e2} =$	mm³	4.49E+07	4.49E+07
弯曲应力 $\sigma_{f2} = M_{f2}/W_{e2}$	N/mm²	8.6	19.9
剪切应力 $\tau_{f2} = V_{f2}/A_{e2}$	N/mm²	1.9	7.2
折算应力 $\sqrt{\left(\dfrac{\sigma_{f2}}{1.22}\right)^2 + \tau_{f2}^2}$	N/mm²	7.3	17.8
折算应力 $\leqslant f_f^w$?		满足	满足
9. 螺栓连接计算			
螺栓中心至中性轴的距离 $y_1 =$	mm	4540	4540
螺栓中心至中性轴的距离 $y_2 =$	mm	3540	3540
螺栓中心至中性轴的距离 $y_3 =$	mm	1000	1000
M30 螺栓杆截面面积 $A =$	mm²	706	706
M30 螺栓有效截面面积 $A_e =$	mm²	561	561
一个 M30 螺栓抗拉承载力设计值 $N_t^b = A_e f_t^b$	kN	95.37	95.37
一个 M30 螺栓的抗剪承载力设计值 $N_v^b = A f_v^b$	kN	98.84	98.84
弯矩设计值 $M = \gamma\left(M_k - \dfrac{\sqrt{2}}{2}F_k b_z\right)$	kN·m	382.9	874.3

续表

数据名称、计算步骤及公式	计量单位	工作状态	非工作状态
剪力设计值 $V = \gamma F_{vk}$	kN	21.3	81.3
一个螺栓承受的最大拉力 $N_1 = \dfrac{M y_1}{\sum y_i^2}$	kN	25.46	58.13
一个螺栓承受的最大剪力 $N_v = V/n$	kN	2.67	10.16
$\sqrt{\left(\dfrac{N_v}{N_v^b}\right)^2 + \left(\dfrac{N_t}{N_t^b}\right)^2} =$		0.268	0.618
螺栓强度条件 $\sqrt{\left(\dfrac{N_v}{N_v^b}\right)^2 + \left(\dfrac{N_t}{N_t^b}\right)^2} < 1$?		满足	满足

计算依据：
　1. GB 50017—2003《钢结构设计规范》；
　2. JGJ/T 187—2009《塔式起重机混凝土基础工程技术规程》

　　　　　　　　　　　　　　　设计人（签名）：　　　年　　月　　日
　　　　　　　　　　　　　　　审批人（签名）：　　　年　　月　　日

　说明：本计算书样本中未写入桩基计算的内容，读者在编程或撰写计算书时参照表11-4和表11-5的格式撰写。

组合式基础（混凝土承台）设计计算书样本　　表 11-7

概述：简要介绍塔机型号、制造厂家、工程概况、塔机所处位置、地基情况、组合式基础形式

数据名称、计算步骤及公式	计量单位	工作状态	非工作状态
1. 已知条件			
塔机作用于承台顶面的力矩荷载标准值 $M_k =$	kN·m	783.2	1090.1
塔机作用于承台顶面的竖向荷载标准值 $F_k =$	kN	282.6	250.3
塔机作用于承台顶面的水平荷载标准值 $F_{vk} =$	kN	15.8	60.2
塔机作用于承台顶面的扭矩荷载标准值 $T_k =$	kN·m	35.4	0.0
由标准组合转化为基本组合分项系数 $\gamma =$		1.35	1.35
塔身横截面边长 $b_T =$	m	1.40	1.40
C30 混凝土抗拉强度设计值 $f_t =$	N/mm²	1.43	1.43
C30 混凝土抗压强度设计值 $f_c =$	N/mm²	14.3	14.3
HRB 335 钢的抗拉、抗压强度设计值 f_y、$f_y' =$	N/mm²	300	300
HPB 235 钢的抗拉、抗压强度设计值 f_y、$f_y' =$	N/mm²	210	210
Q235 钢抗拉、抗压、抗弯强度设计值 $f =$	N/mm²	215	215
Q235 钢材料屈服强度 $f_y =$	N/mm²	235	235
Q235 钢材料弹性模量 $E =$	N/mm²	2.06E+05	2.06E+05
2. 设			
承台边长 $b_T =$	m	4.10	4.10
承台高度 $h_T =$	m	1.20	1.20
暗梁计算宽度 $b_0 =$	mm	500	500
暗梁底层钢筋直径 $d_1 =$	mm	22	22
暗梁表层钢筋直径 $d_2 =$	mm	16	16
暗梁纵向钢筋数量 $n_L =$	根	4	4
箍筋直径 $d_{sv} =$	mm	8	8
箍筋肢数 $n_{sv} =$	肢	4	4
箍筋间距 $s =$	mm	200	200
承台混凝土保护层厚度 $c =$	mm	50	50

续表

数据名称、计算步骤及公式	计量单位	工作状态	非工作状态
承台锚固钢筋直径 $d_m =$	mm	20	20
承台锚固钢筋数量 $n_m =$	根	6	6
钢架高度 $h_J =$	m	5.2	5.2
钢柱中心距 $b_Z =$	m	2.50	2.50
钢架节点竖向间距 $l_0 =$	mm	1500	1500
立柱钢管直径 $D_0 =$	mm	273	273
立柱钢管壁厚 $t_0 =$	mm	10	10
缀条钢管直径 $D_1 =$	mm	76	76
缀条钢管壁厚 $t_1 =$	mm	6	6
3. 承台正截面受弯承载力计算			
不计承台自重,柱顶竖向反力设计值 $N_i = \gamma \left(\dfrac{F_k}{4} + \dfrac{M_k + F_{vk} h_T}{\sqrt{2} b_Z} \right)$	kN	402	528
钢柱中心至塔身立柱边缘距离 $s = \dfrac{\sqrt{2}}{2}(b_Z - b_T)$	m	0.778	0.778
作用于塔身立柱边缘截面的弯矩设计值 $M_I = N_i s$	kN·m	312	411
暗梁底层钢筋面积 $A_S = n_L \pi d_1^2 / 4$	mm²	1521	1521
暗梁底层钢筋合力点至承台底面距离 $a_s = c + d_1/2$	mm	61	61
暗梁表层钢筋合力点至承台顶面距离 $a'_s = c + d_2/2$	mm	58	58
抗弯承载力 $f_y A_s (h - a_s - a'_s) =$	kN·m	493	493
$M_I \leqslant f_y A_s (h - a_s - a'_s)$?		满足	满足
4. 承台斜截面承载力计算			
暗梁剪力设计值 $V = N_i$	kN	402	528

续表

数据名称、计算步骤及公式	计量单位	工作状态	非工作状态
基础有效高度 $h_0 = h_T - a_s$	mm	1139	1139
钢柱内边缘至塔身立柱边缘水平距离 $a = \dfrac{\sqrt{2}}{2}(b_Z - b_T) - \dfrac{1}{2}D_0$	mm	641	641
剪跨比 $\lambda = a/h_0 < 1.5$ 时,取 $\lambda = 1.5$		1.5	1.5
同一截面内箍筋各肢的全部截面面积 $A_{sv} = n_{sv}\pi d_{sv}^2/4$	mm^2	201	201
抗剪承载力 $= \dfrac{1.75}{\lambda+1}f_t b_0 h_0 + f_{yv}\dfrac{A_{sv}}{s}h_0$	kN	811	811
$V \leqslant \dfrac{1.75}{\lambda+1}f_t b h_0 + f_{yv}\dfrac{A_{sv}}{s}h_0$?		满足	满足

5. 柱顶局部承压计算

承台重力标准值 $G_{Tk} = 25b_T^2 h_T$	kN	504.3	504.3
柱顶承压面积 $A_D = \pi D_0^2/4$	mm^2	58535	58535
柱顶最大压力设计值 $N_{imax} = \gamma\left(\dfrac{F_k + G_{Tk}}{n} + \dfrac{M_k + F_{vk}h_T}{\sqrt{2}b_Z}\right)$	kN	572	699
$\sigma = N_{imax}/A_D$	N/mm^2	9.77	11.93
$\sigma \leqslant f_c$?		满足	满足

6. 钢柱对承台的拉结强度计算

柱顶最小压力设计值 $N_{imin} = \gamma\left(\dfrac{F_k + G_{Tk}}{n} - \dfrac{M_k + F_{vk}h_T}{\sqrt{2}b_Z}\right)$	kN	-41	-189
锚固钢筋面积 $A_m = n_m \pi d_m^2/4$	mm^2	1885	1885
$f_y A_m =$	kN	566	566

续表

数据名称、计算步骤及公式	计量单位	工作状态	非工作状态
$\lvert N_{imin} \rvert \leqslant f_y A_m$?		满足	满足
7. 计算钢架重力			
钢立柱长度 $L_0 = h_J + 2.55$	m	7.75	7.75
立柱钢管截面面积 $A_0 = \pi[D_0^2 - (D_0 - 2t_0)^2]/4$	mm²	8262	8262
钢立柱重量 $G_0 = 7.85 \times 4 A_0 L_0$	kg	2011	2011
格构式钢架节数(取整) $n_J = \mathrm{INT}(h_J/l_0)$	节	3	3
钢缀条截面积 $A_1 = \pi[D_1^2 - (D_1 - 2t_1)^2]/4$	mm²	1319	1319
平缀条长度 $l_P = b_Z - D_0$	m	2.23	2.23
平缀条数量 $n_P = 4(n_J + 1)$	根	16	16
斜缀条长度 $l_Q = \sqrt{l_0^2 + l_P^2}$	m	2.685	2.685
斜缀条数量 $n_Q = 4 n_J$	根	12	12
钢缀条重量 $G_1 = 7.85 \times A_1(l_P n_P + l_Q n_Q)$	kg	703	703
乘以1.1系数,钢架重力标准值 $G_{Jk} = 11(G_0 + G_1)$	kN	29.8	29.8
8. 计算钢架截面力学特性			
立柱毛截面惯性矩 $I_0 = \pi[D_0^4 - (D_0 - 2t_0)^4]/64$	mm⁴	7.15E+07	7.15E+07
立柱回转半径 $i = \sqrt{\dfrac{I_0}{A_0}}$	mm	93.1	93.1
4 根立柱截面面积 $A = 4 A_0$	mm²	33050	33050
钢架截面惯性矩 $I = 4[I_x + A_0(b_Z/2)^2]$	mm⁴	5.19E+10	5.19E+10
钢架截面模量 $W = I/(b_Z/2)$	mm³	4.15E+07	4.15E+07
钢架回转半径 $i_J = \sqrt{\dfrac{I}{A}}$	mm	1253	1253
9. 钢架整体强度计算			

续表

数据名称、计算步骤及公式	计量单位	工作状态	非工作状态
竖向荷载设计值 $N = \gamma(F_k + G_{Tk} + G_{Jk})$	kN	1103	1059
力矩荷载设计值 $M = \gamma[M_k + F_{vk}(h_T + h_J)]$	kN·m	1194	1992
截面塑性发展系数 $\gamma_x =$		1.0	1.0
应力 $\sigma = \dfrac{N}{A} + \dfrac{M}{\gamma_x W}$	N/mm²	62.1	80.0
$\sigma \leqslant f$?		满足	满足

10. 钢架整体稳定性计算

钢架计算长度 $l_J = 2.1 h_J$	mm	10920	10920
钢架长细比 $\lambda_J = l_J / i_J$		8.71	8.71
换算长细比 $\lambda_0 = \sqrt{\lambda_J^2 + 40\dfrac{A}{2A_1}}$		24.0	24.0
$\lambda_0 \leqslant 150$?		满足	满足
稳定系数 $\varphi =$		0.957	0.957
参数 $N'_E = \dfrac{\pi^2 EA}{1.1 \lambda_0^2}$	N	1.06E+08	1.06E+08
$\sigma = \dfrac{N}{\varphi A} + \dfrac{\beta_m M}{W\left(1 - \varphi \dfrac{N}{N'_E}\right)}$	N/mm²	63.9	81.9
$\sigma \leqslant f$?		满足	满足

11. 分肢稳定性

分肢最大压力设计值 $N_1 = \dfrac{N}{4} + \dfrac{M}{\sqrt{2} b_z}$	kN	613	828
分肢长细比 $\lambda_1 = l_0 / i$		16.1	16.1
稳定系数 $\varphi_1 =$		0.988	0.988
$\sigma = \dfrac{N_1}{\varphi_1 A_0}$	N/mm²	75.1	101.4
$\sigma \leqslant f$?		满足	满足

12. 缀条稳定性计算

续表

数据名称、计算步骤及公式	计量单位	工作状态	非工作状态
实际剪力 $V_1 = \gamma \left(F_{vk} + \dfrac{T_K}{2b_z} \right)$	N	30875	81270
假想剪力 $V_2 = \dfrac{Af}{85} \sqrt{\dfrac{f_y}{235}}$	N	83596	83596
取两个剪力值中的大值 $V = \max(V_1, V_2)$	N	83596	83596
缀条钢管毛截面惯性矩 $I_c = \pi [D_1^4 - (D_1 - 2t_1)^4]/64$	mm^4	8.14E+05	8.14E+05
缀条回转半径 $i_c = \sqrt{\dfrac{I_c}{A_1}}$	mm	24.8	24.8
斜缀条与平缀条之间的夹角 $\theta = \mathrm{ATAN}(l_0/b_z)$	弧度	0.54	0.54
斜缀条内力 $N_c = V/(2\cos\theta)$	N	48744	48744
斜缀条计算长度 $l_c = \sqrt{l_0^2 + b_z^2}$	mm	2915	2915
斜缀条长细比 $\lambda_c = l_c / i_c$		117.4	117.4
稳定系数 $\varphi_c =$		0.511	0.511
$\sigma = \dfrac{N_c}{\varphi_c A_1}$	N/mm^2	72.3	72.3
$\sigma \leqslant f$?		满足	满足

计算依据:

1. GB 50017—2003《钢结构设计规范》;
2. GB 50010—2002《混凝土结构设计规范》;
3. JGJ/T 187—2009《塔式起重机混凝土基础工程技术规程》

设计人(签名): 年 月 日
审批人(签名): 年 月 日

注:本计算书样本中未写入桩基计算的内容,读者在编程或撰写计算书时参照表11-4和表11-5的格式撰写。

附录1 与基础定位、设计有关的塔机技术参数

与基础定位、设计有关的塔机技术参数见附表1-1～附表1-7。

与基础定位、设计有关的塔机技术参数

附表1-1

塔机制造厂家		徐州建机工程机械有限公司		徐州建机工程机械有限公司		常州江南建筑机械有限公司			江苏正兴建设机械有限公司	
塔机型号		QTZ40（4010）		QTZ40D（4508）		QTZ40C			QTZ40	
最大工作幅度（m）		40	35	45	40	47	45	42	37	46	38	23
相应的起重量（kg）	2倍率	1000	1300	780	911		745	965	1225	800	1150	2320
	4倍率	960	1300	740	870	726				770	1120	2000
平衡重重量（kg）		7900	6710	5882	9340	7920	8700	8150	7800	6900	7700	5700	3000
最大起升重量／相应最大工作幅度	2倍率	2000kg／21.0m		2000kg／21.0m			2000kg／23.5m	
	4倍率	4000kg／11.44m		4000kg／11.11m		4000kg／13.24m			4000kg／13.1m	

191

续表

塔机制造厂家		徐州建机工程机械有限公司		徐州建机工程机械有限公司(4508)		常州江南建筑机械有限公司		江苏正兴建设机械有限公司	
塔机型号		QTZ40(4010)		QTZ40D(4508)		QTZ40C		QTZ40	
最大起升高度(m)	独立状态	31		31		32		32	
	附着状态	100(2倍率)	50(4倍率)	100(2倍率)	50(4倍率)	120(2倍率)	70(4倍率)	140(2倍率)	
		工作状态	非工作状态	工作状态	非工作状态	工作状态	非工作状态	工作状态	非工作状态
基础荷载	倾覆力矩(kN·m)	783.2	1090.07	783.2	1090.07	875	1020	860	1250
	竖向荷载(kN)	326.8	286.8	326.8	286.8	320	280	400	360
	水平荷载(kN)	15.789	60.192	15.789	60.192	20	60	25	65
顶面荷载	扭矩(kN·m)	27.079	—	27.079	—	—	—	—	—
外形轮廓尺寸	回转中心线至臂端尺寸(m)	40.61	35.61	30.61	45.61	40.61	47.72	45.72	42.72	37.72	48.30	40.30	25.30
	尾部回转半径(m)	8.67		8.67		9.72		12.2	
	顶升操作平台宽度(m)	3.00×3.00		3.00×3.00		3.13×3.13		3.00×3.00	
	回转中心至司机室外侧(m)	1.60		1.60		1.60		2.10	
	起重臂宽度(m)	0.948		0.948		0.948		1.20	
	平衡臂(含走道)宽度(m)	2.07		2.07		1.988		2.50	

注：1. 表中数据由各塔机制造企业提供；
2. 按起重能力从小到大的顺序排列。

附表 1-2

与基础定位、设计有关的塔机技术参数

塔机制造厂家		常州江南建筑机械有限公司			徐州建机工程机械有限公司			泰州市腾达建筑工程机械有限公司			江苏正兴建设机械有限公司		
塔机型号		QTZ50			QTZ63E (5510)			QTZ63 (TC5610)			QTZ63		
最大工作幅度（m）		50	44	38	55	50	44	56	50	44	56	51	46	41
相应的起重量（kg）	2倍率	1000	1200	1460	1000	1300	1700	1000	1300	1700	1000	1330	1650	1960
	4倍率				1000						940	1270	1590	1900
平衡重重量（kg）		1100	9240	7350	14780	14550	12000	14100	13050	12000	10400	9400	8400	7400
最大起升重量/相应最大工作幅度	2倍率	4000kg / 16.0m			3000kg / 24.24m			3000kg / 26.35m			3000kg / 24.9m			
	4倍率				6000kg / 13.18m			6000kg / 14.50m			6000kg / 13.7m			
最大起升高度（m）	独立状态	35			40			40.6			40			
	附着状态	120 (2倍率)	60 (4倍率)		140 (2倍率)	70 (4倍率)		141 (2倍率)	70 (4倍率)		140 (2倍率)			
基础顶面荷载		工作状态	非工作状态		工作状态	非工作状态		工作状态	非工作状态		工作状态	非工作状态		
倾覆力矩（kN·m）		860	1250		1527	2162.2		1225	1605		951	1212		
竖向荷载（kN）		400	360		497.7	491.7		550	425		528	468		
水平荷载（kN）		25	65		35.06	93.26		18.5	65		28.5	70.2		
扭矩（kN·m）			—		326	—		205	—		275	—		

续表

塔机制造厂家	常州江南建筑机械有限公司		徐州建机工程机械有限公司		泰州市腾达建筑工程机械有限公司		江苏正兴建设机械有限公司		
塔机型号	QTZ50		QTZ63E(5510)		QTZ63(TC5610)		QTZ63		
外形轮廓尺寸	回转中心线至臂端尺寸(m)	50.865	44.865	38.865	55.613	50.613	57.1	51.1	45.1	57.74	52.74	47.74	42.74
	尾部回转半径(m)	10.685		11.8		13.47		15.6		
	顶升操作平台宽度(m)	3.28×3.28		3.43×3.43		3.60×3.60		3.20×3.20		
	回转中心至司机室外侧(m)	1.80		1.86		2.10		2.10		
	起重臂宽度(m)	1.05		1.324		1.71		1.20		
	平衡臂（含走道）宽度(m)	2.095		2.324		2.79		2.50		

注：1. 表中数据由各塔机制造企业提供；
2. 按起重能力从小到大的顺序排列。

附表 1-3

与基础定位、设计有关的塔机技术参数

塔机制造厂家		常州江南建筑机械有限公司			徐州建机工程机械有限公司				泰州市腾达建筑工程机械有限公司				常州江南建筑机械有限公司			
塔机型号		QTZ63C			QTZ80（5515）				QTZ80（TC5613）				QTZ80			
最大工作幅度（m）		55	50	45	55	50	45	40	56	50	44		60	54	48
相应的起重量（kg）	2倍率	1000	1300	1600	1500	1711	1970	2293	1300	1800	2400		1000	1400	1800
	4倍率				1500	1711	1970	2293							
平衡重重量（kg）		13200	12000	11000	15000	13200	13200	13200	14100	13050	12000		16950	15900	14300
最大起升重量/相应最大工作幅度	2倍率	6000kg/14.58m			4000kg/25.21m				4000kg/24.9m				8000kg/14.05m		
	4倍率				8000kg/13.50m				8000kg/13.7m						
最大起升高度（m）	独立状态	41			43				46.2				46		
	附着状态	200（2倍率）	100（4倍率）		140（2倍率）	70（4倍率）			150（2倍率）	70（4倍率）			200（2倍率）	100（4倍率）	
基础顶面荷载		工作状态	非工作状态		工作状态	非工作状态			工作状态	非工作状态			工作状态	非工作状态	
倾覆力矩（kN·m）		1200	1910		1747	2663			1650	2040			1250	2155	
竖向荷载（kN）		500	440		552.55	472.55			660	580			610	530	
水平荷载（kN）		40	70		31.17	93.2			23	68			45	96	
扭矩（kN·m）		—	—		261	—			280	—			—	—	

续表

塔机制造厂家	常州江南建筑机械有限公司			徐州建机工程机械有限公司			泰州市腾达建筑机械有限公司			常州江南建筑机械有限公司		
塔机型号	QTZ63C			QTZ80 (5515)			QTZ80 (TC5613)			QTZ280		
外形轮廓尺寸	回转中心线至臂端尺寸 (m)	56.28	51.28	46.28	55.61	50.61	45.61	40.61	57.10	51.10	45.10	61.87	55.87	49.87
	尾部回转半径 (m)	11.036			12.10			13.47			13.47		
	顶升操作平台宽度 (m)	3.55×3.55			3.43×3.43			3.80×3.80			3.57×3.57		
	回转中心至司机室外侧 (m)	2.22			1.86			2.10			2.32		
	起重臂宽度 (m)	1.324			1.324			1.71			1.486		
	平衡臂(含走道)宽度 (m)	2.366			2.324			2.79			2.485		

注：1. 表中数据由各塔机制造企业提供；
2. 按起重能力从大到小的顺序排列。

附表 1-4

与基础定位、设计有关的塔机技术参数

塔机制造厂家	江苏正兴建设机械有限公司			徐州建机工程机械有限公司			江苏正兴建设机械有限公司			徐州建机工程机械有限公司		
塔机型号	QTZ80			XCQ6010			QTZ100			XCQ6013		
最大工作幅度 (m)	56	50	44	60			56	50	44	60		
相应的起重量 (kg) 2倍率	1300	1520	1810	1000			1500	1700	2210	1300		
相应的起重量 (kg) 4倍率	1230	1450	1740	1000			1420	1630	2130	1300		
平衡重重量 (kg)	10450	8800	7700	17085			10500	8800	7700	16080		
最大起升重量/相应最大工作幅度 2倍率	3000kg / 29.8m			4000kg / 21.78m			4000kg / 26.1m			4000kg / 25.2m		
最大起升重量/相应最大工作幅度 4倍率	6000kg / 16.8m			8000kg / 12.12m			8000kg / 14.0m			8000kg / 13.8m		
最大起升高度 (m) 独立状态	45			42.5			50			40		
最大起升高度 (m) 附着状态	140 (2倍率)			140 (2倍率)			140 (2倍率)			140 (2倍率)		
	工作状态	非工作状态		工作状态	非工作状态		工作状态	非工作状态		工作状态	非工作状态	
基础顶面荷载 倾覆力矩 (kN·m)	1140	1385		1747	2663		1261	1710		1747	2663	
基础顶面荷载 竖向荷载 (kN)	599	539		552.55	472.55		574.9	494.9		552.55	472.55	
基础顶面荷载 水平荷载 (kN)	28.2	76.2		31.17	93.2		28.2	71.5		31.17	93.2	
基础顶面荷载 扭矩 (kN·m)	280	—		261	—		325	—		261	—	

续表

塔机制造厂家		江苏正兴建设机械有限公司	徐州建机工程机械有限公司	江苏正兴建设机械有限公司	徐州建机工程机械有限公司
塔机型号		QTZ80	XCQ6010	QTZ100	XCQ6013
外形轮廓尺寸	回转中心线至臂端尺寸（m）	57.526 51.526 45.526	60.613	57.526 51.526 45.526	60.613
	尾部回转半径（m）	15.60	12.10	15.60	12.10
	顶升操作平台宽度（m）	3.20×3.20	3.43×3.43	3.20×3.20	3.43×3.43
	回转中心至司机室外侧（m）	2.10	1.86	2.10	1.86
	起重臂宽度（m）	1.30	1.324	1.30	1.324
	平衡臂（含走道）宽度（m）	2.50	2.324	2.50	2.324

注：1. 表中数据由各塔机制造企业提供；
2. 按起重能力从小到大的顺序排列。

附表1-5 与基础定位、设计有关的塔机技术参数

塔机制造厂家		常州江南建筑机械有限公司			泰州市腾达建筑工程机械有限公司			江苏正兴建设机械有限公司			泰州市腾达建筑工程机械有限公司		
塔机型号		QTZ125			QTZ125(TC6016)			QTZ125			QTZ160(TC6020)		
最大工作幅度（m）		63	58	53	60	54	48	60	54	48	42	60	54	48
相应的起重量（kg）	2倍率	1300	1700	2100	1600	2000	2500	1570	1970	2370	3001	2000	2600	3400
	4倍率							1500	1900	2300	2940			
平衡重重量（kg）		20000	18500	17000	18900	17850	15450	15700	13700	10000	8000	17850	15450	15450
最大起升重量/相应最大工作幅度	2倍率				5000kg/24.49m			4000kg/29.24m				5000kg/29.5m		
	4倍率	8000kg/17.85m			10000kg/13.33m			8000kg/15.94m				10000kg/16.1m		
最大起升高度（m）	独立状态	50			50.5			50				50.5		
	附着状态	161（2倍率）	90（4倍率）		200（2倍率）	70（4倍率）		161（2倍率）				200（2倍率）	70（4倍率）	
基础顶面荷载		工作状态	非工作状态		工作状态	非工作状态		工作状态	非工作状态			工作状态	非工作状态	
倾覆力矩（kN·m）		1350	2370		2215	2840		1420	1815			2780	3630	
竖向荷载（kN）		800	720		805	705		780	700			950	850	
水平荷载（kN）		50	110		26.5	70		43.8	93.5			30	70	
扭矩（kN·m）					315	—		384.6	—			340	—	

续表

塔机制造厂家	常州江南建筑机械有限公司		泰州市腾达建筑工程机械有限公司			江苏正兴建设机械有限公司			泰州市腾达建筑工程机械有限公司		
塔机型号	QTZ125		QTZ125（TC6016）			QTZ125			QTZ160（TC6020）		
外形轮廓尺寸	回转中心线至臂端尺寸（m）	64.05	59.05	54.05	61.2	55.2	49.2	62.18	56.18	50.18	44.18	61.2	55.2	49.2
	尾部回转半径（m）	14.28		14.20			16.50			14.80		
	顶升操作平台宽度（m）	3.88×3.88		3.65×3.65			3.20×3.20			3.65×3.65		
	回转中心至司机室外侧（m）	2.04		2.73			2.10			2.73		
	起重臂宽度（m）	1.510		1.71			1.30			1.71		
	平衡臂（含走道）宽度（m）	2.850		2.79			2.70			2.79		

注：1. 表中数据由各塔机制造企业提供；
2. 按起重能力从小到大的顺序排列。

附表 1-6

与基础定位、设计有关的塔机技术参数

塔机制造厂家		上海宝达工程机械有限公司							徐州建机工程机械有限公司					泰州市腾达建筑工程机械有限公司			
塔机型号		QTP160							QTZ220（6024）					QTZ250（TC7021）			
最大工作幅度（m）		65	60	55	50	45	40	30	60	55	50	45		70	65	60	55
相应的起重量（kg）	2 倍率	1800	2200	2700	3300	3900	4500	5000	2400	3000	3600	4300		2100	2800	3600	4400
	4 倍率	1600	2000	2500	3100	3700	4400	6300	2200	2800	3400	4100					
平衡重量（kg）		17500	16000	14500	13000	11500	10000	8500	23000	18800	17600	20200		19500	18500	16300	15600
最大起升重量/相应最大工作幅度	2 倍率	5000kg/28.2m							6000kg/28.3m					6000kg/31.8m			
	4 倍率	10000kg/14.5m							12000kg/14.5m					12000kg/17.8m			
最大起升高度（m）	独立状态	60							54					50			
	附着状态	160 (2 倍率)			160 (4 倍率)				126 (2 倍率)		126 (4 倍率)			200 (2 倍率)		70 (4 倍率)	
		工作状态			非工作状态				工作状态		非工作状态			工作状态		非工作状态	
基础顶面荷载	倾覆力矩（kN·m）	2471.8			2368									2631		3206	
	竖向荷载（kN）	726.3			621.7									961		840	
	水平荷载（kN）	15.6			59.4									42.6		145	
	扭矩（kN·m）	163.7			—									350		—	

续表

塔机制造厂家	上海宝达工程机械有限公司					徐州建机工程机械有限公司				泰州市腾达建筑工程机械有限公司			
塔机型号	QTP160					QTZ220（6024）				QTZ250（TC7021）			
外形轮廓尺寸	回转中心至臂端尺寸（m）	66.3	61.3	56.3	51.3	46.3	41.3	31.3	60.9	55.9	50.9	45.9	71.9	66.9	61.9	56.9
	尾部回转半径（m）	16							13.50				21.60			
	顶升操作平台宽度（m）	4.10×4.10							4.30×4.30				3.65×3.65			
	回转中心至司机室外侧（m）	2.50							2.261				2.73			
	起重臂宽度（m）	1.10（含平台约3.5m）							1.38				1.82			
	平衡臂（含走道）宽度（m）	1.95							2.8				3.08			

注：1. 表中数据由各塔机制造企业提供；
2. 按起重能力从小到大的顺序排列。

附表 1-7 与基础定位、设计有关的塔机技术参数

塔机制造厂家	江苏正兴建设机械有限公司				徐州建机工程机械有限公司				泰州市腾达建筑工程机械有限公司				泰州市腾达建筑机械有限公司			
塔机型号	QTZ250				XCP330 (7525)				QTZ315 (TC7135)				QTZ400 (TC7050)			
最大工作幅度 (m)	70	65	60	55	75	70	65	60	56	61	66	71	70	60	50	40
相应的起重量 (kg) 2倍率	3000	3700	4500	5200	2500	3000	3500	4000	5700	5200	4200	3500	5000	6200	7900	10700
相应的起重量 (kg) 4倍率	2870	3570	4370	5070	2230	2730	3230	3730								
平衡重重量 (kg)	23300	21650	21300	16000	20650	20650	20650	20650	16130	16740	17550	18160	19100	23300	27500	14400
最大起升重量／相应最大工作幅度 (m) 2倍率	6000kg/41.5m				6000kg/35m				8000kg/35.16m				10000kg/40.2m			
最大起升重量／相应最大工作幅度 (m) 4倍率	12000kg/23.3m				12000kg/13m				16000kg/18.26m				20000kg/22.4m			
最大起升高度 (m) 独立状态	50				51				50				72			
最大起升高度 (m) 附着状态	200 (2倍率)				159 (2倍率)		159 (4倍率)		270 (2倍率)		(4倍率)		222 (2倍率)		120 (4倍率)	

基础顶面荷载

	江苏正兴建设机械有限公司		徐州建机工程机械有限公司		泰州市腾达建筑工程机械有限公司		泰州市腾达建筑机械有限公司	
	工作状态	非工作状态	工作状态	非工作状态	工作状态	非工作状态	工作状态	非工作状态
倾覆力矩 (kN·m)	3618	3950			3210	3840	6028	7466
竖向荷载 (kN)	1194	1074			962	802	1947	1710
水平荷载 (kN)	38	130			45	150	55	206
扭矩 (kN·m)	687	—			362		434	—

续表

塔机制造厂家		江苏正兴建设机械有限公司			徐州建机工程机械有限公司			泰州市腾达建筑工程机械有限公司			泰州市腾达建筑工程机械有限公司		
塔机型号		QTZ250			XCP330（7525）			QTZ315（TC7135）			QTZ400（TC7050）		
外形轮廓尺寸	回转中心线至臂端尺寸（m）	71.8	66.8	61.8	56.8	76.09	71.09	66.09	61.09	58.2	63.2	68.2	73.2	71.9	61.9	51.9	41.9
	尾部回转半径（m）	21.50				2.12				22.95				25.40			
	顶升操作平台宽度（m）	4.30×4.30				4.30×4.30				3.65×3.65				4.80×4.80			
	回转中心至司机室外侧（m）	2.10				2.48				2.73				2.73			
	起重臂宽度（m）	1.60				1.45				1.71				2.18			
	平衡臂（含走道）宽度（m）	3.00				3.38				2.92				3.25			

注：1. 表中数据由各塔机制造企业提供；
2. 按起重能力从小到大的顺序排列。

附录 2　风荷载计算参数

风荷载计算参数见附表 2-1 ~ 附表 2-4。

塔机风振系数 β_z　　附表 2-1

ω_0 (kN/m²)	地面粗糙度类别															
	A				B				C				D			
	H（m）				H（m）				H（m）				H（m）			
	30	40	45	50	30	40	45	50	30	40	45	50	30	40	45	50
0. 20	1. 48	1. 48	1. 49	1. 49	1. 59	1. 59	1. 59	1. 59	1. 80	1. 77	1. 77	1. 77	2. 24	2. 13	2. 11	2. 09
0. 25	1. 49	1. 49	1. 50	1. 50	1. 61	1. 61	1. 61	1. 61	1. 82	1. 79	1. 79	1. 79	2. 24	2. 15	2. 14	2. 11
0. 30	1. 50	1. 50	1. 51	1. 51	1. 62	1. 62	1. 62	1. 62	1. 83	1. 81	1. 81	1. 80	2. 26	2. 17	2. 16	2. 14
0. 35	1. 51	1. 51	1. 52	1. 52	1. 63	1. 63	1. 63	1. 63	1. 84	1. 82	1. 82	1. 82	2. 28	2. 19	2. 18	2. 16
0. 40	1. 52	1. 52	1. 53	1. 53	1. 64	1. 64	1. 64	1. 64	1. 85	1. 83	1. 83	1. 83	2. 30	2. 21	2. 20	2. 18
0. 45	1. 53	1. 53	1. 53	1. 54	1. 65	1. 65	1. 65	1. 65	1. 87	1. 85	1. 85	1. 84	2. 31	2. 22	2. 21	2. 19
0. 50	1. 53	1. 53	1. 54	1. 55	1. 66	1. 65	1. 66	1. 66	1. 88	1. 86	1. 86	1. 85	2. 33	2. 24	2. 23	2. 21

续表

ω_0 (kN/m²)	A H (m)				B H (m)				C H (m)				D H (m)			
	30	40	45	50	30	40	45	50	30	40	45	50	30	40	45	50
0.55	1.54	1.54	1.55	1.55	1.67	1.66	1.66	1.67	1.89	1.87	1.87	1.86	2.34	2.26	2.24	2.22
0.60	1.54	1.55	1.55	1.56	1.67	1.67	1.67	1.67	1.90	1.88	1.87	1.87	2.35	2.27	2.25	2.23
0.65	1.55	1.55	1.56	1.56	1.68	1.67	1.68	1.68	1.90	1.88	1.88	1.88	2.36	2.28	2.27	2.24
0.70	1.55	1.56	1.56	1.57	1.68	1.68	1.69	1.69	1.91	1.89	1.89	1.88	2.37	2.29	2.28	2.26
0.75	1.56	1.56	1.57	1.58	1.69	1.69	1.69	1.69	1.92	1.90	1.89	1.89	2.38	2.30	2.29	2.27
0.80	1.56	1.57	1.57	1.58	1.70	1.69	1.70	1.70	1.93	1.90	1.90	1.90	2.39	2.31	2.30	2.28
0.85	1.57	1.57	1.59	1.59	1.70	1.70	1.70	1.70	1.93	1.91	1.91	1.91	2.40	2.32	2.31	2.29
0.90	1.57	1.57	1.58	1.59	1.71	1.71	1.71	1.71	1.94	1.91	1.91	1.92	2.41	2.33	2.31	2.29
0.95	1.57	1.58	1.59	1.60	1.71	1.71	1.72	1.72	1.95	1.92	1.92	1.92	2.42	2.34	2.32	2.30
1.00	1.58	1.58	1.60	1.60	1.71	1.72	1.72	1.73	1.95	1.92	1.93	1.93	2.43	2.34	2.33	2.31
1.05	1.58	1.59	1.60	1.60	1.72	1.72	1.73	1.73	1.96	1.93	1.93	1.93	2.44	2.35	2.34	2.31
1.10	1.59	1.59	1.60	1.61	1.72	1.72	1.73	1.74	1.96	1.94	1.94	1.94	2.44	2.36	2.35	2.32
1.15	1.59	1.60	1.61	1.61	1.72	1.73	1.73	1.74	1.97	1.94	1.95	1.94	2.45	2.37	2.35	2.33
1.20	1.59	1.60	1.61	1.62	1.73	1.74	1.74	1.74	1.97	1.95	1.95	1.95	2.46	2.37	2.36	2.33
1.25	1.59	1.60	1.61	1.62	1.73	1.74	1.74	1.74	1.98	1.95	1.95	1.95	2.47	2.38	2.36	2.34
1.30	1.60	1.61	1.62	1.62	1.73	1.74	1.75	1.75	1.98	1.96	1.96	1.96	2.47	2.39	2.37	2.34

地面粗糙度类别

续表

ω_0 (kN/m²)	地面粗糙度类别															
	A			B			C			D						
	H (m)			H (m)			H (m)			H (m)						
	30	40	45	50	30	40	45	50	30	40	45	50	30	40	45	50
1.35	1.60	1.61	1.62	1.63	1.74	1.74	1.75	1.75	1.98	1.96	1.96	1.96	2.48	2.39	2.37	2.35
1.40	1.60	1.61	1.62	1.63	1.74	1.74	1.75	1.76	1.99	1.97	1.97	1.97	2.49	2.40	2.38	2.36
1.45	1.60	1.61	1.62	1.63	1.74	1.75	1.76	1.76	1.99	1.97	1.97	1.97	2.49	2.40	2.38	2.36
1.50	1.61	1.62	1.63	1.63	1.75	1.75	1.76	1.76	1.99	1.97	1.97	1.98	2.50	2.41	2.39	2.37

注：1. 按现行国家标准《建筑结构荷载规范》GB 50009 第7.2.1条规定，地面粗糙度分为A、B、C、D四类：A类指近海海面和海岛、海岸、湖岸、及沙漠地区；B类指田野、乡村、丛林、丘陵以及房屋比较稀疏的乡镇和城市郊区；C类指有密集建筑群的城市市区；D有密集建筑群且房屋较高的城市区。

2. 此表分别按塔机独立计算高度（H）为30m、40m、45m、50m编制，当计算高度（H）在30~40m、40~45m、45~50m之间，可按线性插入法查表取值。

3. 此表按锥形塔帽小车变幅的塔机编制，其他类型的塔机应按现行国家标准《高耸结构设计规范》GB50135 的规定自行计算。

附表 2-2

塔机圆管杆件桁架的体型系数 μ_s

风压等效高度变化系数 μ_z	基本风压 ω_0 (kN/m²)											
	0.20	0.30	0.40	0.50	0.60	0.70	0.80	0.90	1.00	1.20	1.40	1.50
0.62	1.80	1.80	1.80	1.76	1.73	1.70	1.66	1.63	1.59	1.52	1.45	1.42
0.65	1.80	1.80	1.79	1.76	1.72	1.68	1.65	1.61	1.57	1.50	1.43	1.39
0.66	1.80	1.80	1.79	1.75	1.72	1.68	1.64	1.61	1.57	1.49	1.42	1.38
0.69	1.80	1.80	1.78	1.74	1.71	1.67	1.63	1.59	1.55	1.47	1.40	1.36
0.84	1.80	1.80	1.75	1.70	1.66	1.61	1.56	1.51	1.47	1.37	1.28	1.23
0.92	1.80	1.78	1.73	1.68	1.63	1.58	1.53	1.47	1.42	1.32	1.22	1.16
0.96	1.80	1.78	1.72	1.67	1.62	1.56	1.51	1.45	1.40	1.29	1.18	1.13
0.99	1.80	1.77	1.72	1.66	1.61	1.55	1.49	1.44	1.38	1.27	1.16	1.11
1.20	1.80	1.74	1.67	1.60	1.53	1.47	1.40	1.33	1.27	1.13	1.00	0.93
1.29	1.79	1.72	1.65	1.58	1.50	1.43	1.36	1.29	1.22	1.07	0.93	0.90
1.34	1.79	1.71	1.64	1.56	1.49	1.41	1.34	1.26	1.19	1.04	0.90	0.90
1.39	1.78	1.70	1.63	1.55	1.47	1.39	1.31	1.24	1.16	1.00	0.90	0.90
1.54	1.77	1.68	1.59	1.51	1.42	1.33	1.25	1.16	1.07	0.90	0.90	0.90
1.65	1.75	1.66	1.57	1.48	1.38	1.29	1.20	1.11	1.01	0.90	0.90	0.90
1.69	1.75	1.65	1.56	1.46	1.37	1.28	1.18	1.09	0.99	0.90	0.90	0.90
1.73	1.74	1.65	1.55	1.45	1.36	1.26	1.16	1.07	0.97	0.90	0.90	0.90

注：当风压等效高度变化系数（μ_z）、基本风压值（w_0）处于表列中间值时，可按线性插入法取值。

塔机风压等效高度变化系数 μ_z 附表 2-3

| 塔机独立计算高度 | 地面粗糙度类别 | | | |
H (m)	A	B	C	D
30	1.54	1.20	0.84	0.62
40	1.65	1.29	0.92	0.65
45	1.69	1.34	0.96	0.66
50	1.73	1.39	0.99	0.69

注：当塔机独立计算高度（H）为 30～40m，或 40～45m 及 45～50m 之间，按线性插入法查表取值。

全国各城市的 50 年一遇风压（kN/m^2）   附表 2-4

北京 0.45；

天津
　　天津市 0.50，塘沽 0.55；

上海 0.55；

重庆 0.40；

河北
　　石家庄市 0.35，蔚县 0.30，邢台市 0.30，丰宁 0.40，围场 0.45，张家口市 0.55，怀来 0.35，承德市 0.40，遵化 0.40，青龙 0.30，秦皇岛市 0.45，霸县 0.40，唐山市 0.40，乐亭 0.40，保定市 0.40，饶阳 0.35，沧州市 0.40，黄骅 0.40，南宫市 0.35；

山西
　　太原市 0.40，大同市 0.55，河曲 0.50，五寨 0.40，兴县 0.45，原平 0.50，离石 0.45，阳泉市 0.40，榆社 0.30，隰县 0.35，介休 0.40，临汾市 0.40，长治县 0.50，运城市 0.40，阳城 0.45；

内蒙古
　　呼和浩特市 0.55，额右旗拉布达林 0.50，牙克石市图里河 0.40，满洲里市 0.65，海拉尔市 0.65，鄂伦春小二沟 0.40，新巴尔虎右旗 0.60，新巴尔虎左旗阿木古朗 0.55，牙克石市博克图 0.55，扎兰屯市 0.40，科右翼前旗阿尔山 0.50，科右翼前旗索伦 0.55，乌兰浩特市 0.55，东乌珠穆沁旗 0.55，额济纳旗 0.60，额济纳旗拐子湖 0.55，阿左旗巴彦毛道 0.55，阿拉善右旗 0.55，二连浩特市 0.65，那仁宝力格 0.55，达茂旗满都拉 0.75，阿巴嘎旗 0.50，苏尼特左旗 0.50，乌拉特后旗海力素 0.50，苏尼特右旗朱日和 0.65，乌拉特中旗海流图 0.60，百灵庙 0.75，四子王旗 0.60，化德 0.75，杭锦后旗陕坝 0.45，包头市 0.55，集宁市 0.60，阿拉善左旗吉兰泰 0.50，临河市 0.50，鄂托克旗 0.55，东胜市 0.50，阿腾席连 0.50，巴彦浩特 0.60，西乌珠穆沁旗 0.55，扎鲁特鲁北 0.55，巴林左旗林东 0.55，锡林浩特市 0.55，林西 0.60，开鲁 0.55，通辽市 0.55，多伦 0.55，赤峰市 0.55，敖汉旗宝国图 0.50；

续表

辽宁

沈阳市 0.55，彰武 0.45，阜新市 0.60，开原 0.45，清原 0.40，朝阳市 0.55，建平县叶柏寿 0.35，黑山 0.65，锦州市 0.60，鞍山市 0.50，本溪市 0.45，抚顺市章党 0.45，桓仁 0.30，绥中 0.40，兴城市 0.45，营口市 0.60，盖县熊岳 0.40，本溪县草河口 0.45，岫岩 0.45，宽甸 0.50，丹东市 0.55，瓦房店市 0.50，新金县皮口 0.50，庄河 0.50，大连市 0.65；

吉林

长春市 0.65，白城市 0.65，乾安 0.45，前郭尔罗斯 0.45，通榆 0.50，长岭 0.45，扶余市三岔河 0.55，双辽 0.50，四平市 0.55，磐石县烟筒山 0.40，吉林市 0.50，蛟河 0.45，敦化市 0.45，梅河口市 0.40，桦甸 0.40，靖宇 0.35，抚松县东岗 0.40，延吉市 0.50，通化市 0.50，浑江市临江 0.30，集安市 0.30，长白 0.45；

黑龙江

哈尔滨市 0.55，漠河 0.35，塔河 0.30，新林 0.35，呼玛 0.50，加格达奇 0.35，黑河市 0.50，嫩江 0.55，孙吴 0.60，北安市 0.50，克山 0.45，富裕 0.40，齐齐哈尔市 0.45，海伦 0.55，明水 0.45，伊春市 0.35，鹤岗市 0.40，富锦 0.45，泰来 0.45，绥化市 0.55，安达市 0.55，铁力 0.35，佳木斯市 0.65，依兰 0.65，宝清 0.40，通河 0.50，尚志 0.55，鸡西市 0.55，虎林 0.45，牡丹江市 0.50，绥芬河市 0.60；

山东

济南市 0.45，德州市 0.45，惠民 0.50，寿光县羊角沟 0.45，龙口市 0.60，烟台市 0.55，威海市 0.65，荣城市成山头 0.70，莘县朝城 0.45，泰安市泰山 0.85，泰安市 0.40，淄博市张店 0.40，沂源 0.35，潍坊市 0.40，莱阳市 0.40，青岛市 0.60，海阳 0.55，荣成市石岛 0.55，菏泽市 0.40，兖州 0.40，莒县 0.35，临沂 0.40，日照市 0.40；

江苏

南京市 0.40，徐州市 0.35，赣榆 0.45，盱眙 0.35，淮阴市 0.40，射阳 0.40，镇江 0.40，无锡 0.45，泰州 0.40，连云港 0.55，盐城 0.45，高邮 0.40，东台市 0.40，南通市 0.45，启东县吕泗 0.50，常州市 0.40，溧阳 0.40，吴县东山 0.45；

浙江

杭州市 0.45，临安县天目山 0.70，平湖县乍浦 0.45，慈溪市 0.45，嵊泗 1.30，嵊泗县嵊山 1.50，舟山市 0.85，金华市 0.35，嵊县 0.40，宁波市 0.50，象山县石浦 1.20，衢州市 0.35，丽水市 0.30，龙泉 0.30，临海市括苍山 0.90，温州市 0.60，椒江市洪家 0.55，椒江市下大陈 1.40，玉环县坎门 1.20，瑞安市北麂 1.60；

续表

安徽
合肥市0.35，砀山0.35，亳州市0.45，宿县0.40，寿县0.35，蚌埠市0.35，滁县0.35，六安市0.35，霍山0.35，巢县0.35，安庆市0.40，宁国0.35，黄山0.70，黄山市0.35；

江西
南昌市0.45，修水0.30，宜春市0.30，吉安0.30，宁冈0.30，遂川0.30，赣州市0.30，九江0.35，庐山0.55，波阳0.40，景德镇市0.35，樟树市0.30，贵溪0.30，玉山0.30，南城0.30，广昌0.30，寻乌0.30；

福建
福州市0.70，邵武市0.30，铅山县七仙山0.70，浦城0.30，建阳0.35，建瓯0.35，福鼎0.70，泰宁0.30，南平市0.35，福鼎县台山1.00，长汀0.35，上杭0.30，永安市0.40，龙岩市0.35，德化县九仙山0.80，屏南0.30，平潭1.30，崇武0.80，厦门市0.80，东山1.25；

陕西
西安市0.35，榆林市0.40，吴旗0.40，横山0.40，绥德0.40，延安市0.35，长武0.30，洛川0.35，铜川市0.35，宝鸡市0.35，武功0.35，华阴县华山0.50，略阳0.35，汉中市0.30，佛坪0.30，商州市0.30，镇安0.30，石泉0.30，安康市0.45；

甘肃
兰州市0.30，吉河德0.55，安西0.55，酒泉市0.55，张掖市0.50，武威市0.55，民勤0.50，乌鞘岭0.40，景泰0.40，靖远0.30，监夏市0.30，临洮0.30，华家岭0.40，环县0.30，平凉市0.30，西峰镇0.30，玛曲0.30，夏河县合作0.30，武都0.35，天水市0.35；

宁夏
银川市0.65，惠农0.65，中卫0.45，中宁0.35，盐池0.40，海源0.30，同心0.30，固原0.35，西吉0.30；

青海
西宁市0.35，茫崖0.40，冷湖0.55，祁连县托勒0.40，祁连县野牛沟0.40，祁连0.35，格尔木市小灶火0.40，大柴旦0.40，德令哈市0.35，刚察0.35，门源0.35，格尔木市0.40，都兰县诺木洪0.50，都兰0.45，乌兰县茶卡0.35，共和县恰卜恰0.35，贵德0.30，民和0.30，唐古拉山五道梁0.45，兴海0.35，同德0.30，泽库0.30，格尔木市托托河0.50，治多0.30，杂多0.35，曲麻莱0.35，玉树0.30，玛多0.40，称多县清水河0.30，玛沁县仁峡姆0.35，达日县吉迈0.35，河南0.40，久治0.30，昂欠0.30，班玛0.30；

续表

新疆

乌鲁木齐市 0.60，阿勒泰市 0.70，博乐市阿拉山口 1.35，克拉玛依市 0.90，伊宁市 0.60，昭苏 0.40，乌鲁木齐县达坂城 0.80，和静县巴音布鲁克 0.35，吐鲁番市 0.85，阿克苏市 0.45，库车 0.50，库尔勒市 0.45，乌恰 0.35，喀什市 0.55，阿合奇 0.35，皮山 0.30，和田 0.40，民丰 0.30，民丰县安的河 0.30，于田 0.30，哈密 0.60；

河南

郑州市 0.45，安阳市 0.45，新乡市 0.40，三门峡市 0.40，卢氏 0.30，孟津 0.45，洛阳市 0.40，栾川 0.30，许昌市 0.40，开封市 0.45，西峡 0.35，南阳市 0.35，宝丰 0.35，西华 0.45，驻马店市 0.40，信阳市 0.35，商丘市 0.35，固始 0.35；

湖北

武汉市 0.35，郧县 0.30，房县 0.30，老河口市 0.30，枣阳市 0.40，巴东 0.30，钟祥 0.30，麻城市 0.35，恩施市 0.30，巴东县绿葱坡 0.35，五峰县 0.30，宜昌市 0.30，江陵县荆州 0.30，天门市 0.30，来凤 0.30，嘉鱼 0.35，英山 0.30，黄石市 0.35；

湖南

长沙市 0.35，桑植 0.30，石门 0.30，南县 0.40，岳阳市 0.40，吉首 0.30，沅陵 0.30，常德市 0.40，安化 0.30，沅江市 0.40，平江 0.30，芷江 0.30，邵阳市 0.30，双峰 0.30，南岳 0.75，通道 0.30，武岗 0.30，零陵 0.40，衡阳市 0.40，道县 0.35，郴州市 0.30；

广东

广州市 0.50，南雄 0.30，连县 0.30，韶关 0.35，佛岗 0.30，连平 0.30，梅县 0.30，广宁 0.30，高要 0.50，河源 0.30，惠阳 0.55，五华 0.30，汕头市 0.80，惠来 0.75，南澳 0.80，信宜 0.60，罗定 0.30，台山 0.55，深圳市 0.75，汕尾 0.85，湛江市 0.80，阳江 0.70，电白 0.70，台山县上川岛 1.05，徐闻 0.75；

广西

南宁市 0.35，桂林市 0.30，柳州市 0.30，蒙山 0.30，贺山 0.30，百色市 0.45，靖西 0.30，桂平 0.30，梧州市 0.30，龙州 0.30，灵山 0.30，玉林 0.30，东兴 0.75，北海市 0.75，涠洲岛 1.00；

续表

海南
　　海口市0.75，东方0.85，儋县0.70，琼中0.45，琼海0.85，三亚市0.85，陵水0.85，西沙岛1.80，珊瑚岛1.10；

四川
　　成都市0.30，石渠0.30，若尔盖0.30，甘孜0.45，都江堰市0.30，绵阳市0.30，雅安市0.30，资阳0.30，康定0.35，汉源0.30，九龙0.30，越西0.30，昭觉0.30，雷波0.30，宜宾市0.30，盐源0.30，西昌市0.30，会理0.30，万源0.30，阆中0.30，巴中0.30，达县市0.35，奉节0.35，遂宁市0.30，南充市0.30，梁平0.30，万县市0.30，内江市0.40，涪陵市0.30，泸州市0.30，叙水0.30；

贵州
　　贵阳市0.30，威宁0.35，盘县0.35，桐梓0.30，习水0.30，毕节0.30，遵义市0.30，思南0.30，铜仁0.30，安顺市0.30，凯里市0.30，兴仁0.30，罗甸0.30；

云南
　　昆明市0.30，德钦0.35，贡山0.30，中甸0.30，维西0.30，昭通市0.35，丽江0.30，华坪0.35，会泽0.35，腾冲0.30，泸水0.30，保山市0.30，大理市0.65，元谋0.35，楚雄市0.30，曲靖市沾益0.30，瑞丽0.30，景东0.30，玉溪0.30，宜良0.40，泸西0.30，孟定0.40，临沧0.30，澜沧0.30，景洪0.40，思茅0.45，元江0.30，勐腊0.30，江城0.40，蒙自0.30，屏边0.30，文山0.30，广南0.35；

西藏
　　拉萨市0.30，班戈0.55，安多0.75，那曲0.45，日喀则市0.30，乃东县泽当0.30，隆子0.45，索县0.40，昌都0.30，林芝0.35；

台湾
　　台北0.70，新竹0.80，宜兰1.85，台中0.80，花莲0.70，嘉义0.80，马公1.30，台东0.90，冈山0.80，恒春1.05，阿里山0.35，台南0.85；

香港
　　香港0.90，横澜岛1.25；

澳门0.85。

注：上述数据摘录于《建筑结构荷载规范》GB 50009—2001（2006年版）。

附录3 钢筋和混凝土设计参数

钢筋和混凝土设计参数见附表3-1~附表3-5。

混凝土强度设计值（N/mm²）　　　　　　　附表3-1

强度种类	混凝土强度等级			
	C20	C25	C30	C35
轴心抗压强度设计值f_c	9.6	11.9	14.3	16.7
轴心抗拉强度设计值f_t	1.10	1.27	1.43	1.57

普通钢筋强度设计值（N/mm²）　　　　　　附表3-2

种类		符号	f_y	f_y'
热轧钢筋	HPB 235（Q235）	Ф	210	210
	HRB 335（20MnSi）	Ⅱ	300	300
	HRB 400（20MnSiV、20MnSiNb、20MnTi）	Ⅲ	360	360

预应力钢筋强度设计值（N/mm²）　　　　　附表3-3

种类		符号	f_{ptk}	f_{py}	f'_{py}
钢绞线	1×3	φS	1860	1320	390
			1720	1220	
			1570	1110	
	1×7		1860	1320	390
			1720	1220	

续表

种类		符号	f_{ptk}	f_{py}	f'_{py}
消除应力钢丝	光面螺旋肋	φP φH	1770 1670 1570	1250 1180 1110	410
	刻痕	φI	1570	1110	410
热处理钢筋	40Si$_2$Mn 48Si$_2$Mn 45Si$_2$Cr	φHT	1470	1040	400

钢筋的计算截面面积　　　　　附表 3-4

公称直径 (mm)	不同根数钢筋的计算截面面积（mm²）										
	4	5	6	7	8	9	10	11	12	13	14
6	113	141	170	198	226	254	283	311	339	368	396
8	201	251	302	352	402	452	503	553	603	653	704
10	314	393	471	550	628	707	785	864	942	1021	1100
12	452	565	679	792	905	1018	1131	1244	1357	1470	1583
14	616	770	924	1078	1232	1385	1539	1693	1847	2001	2155
16	804	1005	1206	1407	1608	1810	2011	2212	2413	2614	2815
18	1018	1272	1527	1781	2036	2290	2545	2799	3054	3308	3563
20	1257	1571	1885	2199	2513	2827	3142	3456	3770	4084	4398
22	1521	1901	2281	2661	3041	3421	3801	4181	4562	4942	5322
25	1963	2454	2945	3436	3927	4418	4909	5400	5890	6381	6872
28	2463	3079	3695	4310	4926	5542	6158	6773	7389	8005	8621
32	3217	4021	4825	5630	6434	7238	8042	8847	9651	10455	11259
36	4072	5089	6107	7125	8143	9161	10179	11197	12215	13232	14250
40	5027	6283	7540	8796	10053	11310	12566	13823	15080	16336	17593

续表

公称直径 (mm)	不同根数钢筋的计算截面面积（mm²）									
	15	16	17	18	19	20	21	22	23	24	25
6	424	452	481	509	537	565	594	622	650	679	707
8	754	804	855	905	955	1005	1056	1106	1156	1206	1257
10	1178	1257	1335	1414	1492	1571	1649	1728	1806	1885	1963
12	1696	1810	1923	2036	2149	2262	2375	2488	2601	2714	2827
14	2309	2463	2617	2771	2925	3079	3233	3387	3541	3695	3848
16	3016	3217	3418	3619	3820	4021	4222	4423	4624	4825	5027
18	3817	4072	4326	4580	4835	5089	5344	5598	5853	6107	6362
20	4712	5027	5341	5655	5969	6283	6597	6912	7226	7540	7854
22	5702	6082	6462	6842	7223	7603	7983	8363	8743	9123	9503
25	7363	7854	8345	8836	9327	9817	10308	10799	11290	11781	12272
28	9236	9852	10468	11084	11699	12315	12931	13547	14162	14778	15394
32	12064	12868	13672	14476	15281	16085	16889	17693	18498	19302	20106
36	15268	16286	17304	18322	19340	20358	21375	22393	23411	24429	25447
40	18850	20106	21363	22619	23876	25133	26389	27646	28903	30159	31416

公称直径 (mm)	不同根数钢筋的计算截面面积（mm²）									
	26	27	28	29	30	31	32	33	34	35	36
6	735	763	792	820	848	877	905	933	961	990	1018
8	1307	1357	1407	1458	1508	1558	1608	1659	1709	1759	1810
10	2042	2121	2199	2278	2356	2435	2513	2592	2670	2749	2827
12	2941	3054	3167	3280	3393	3506	3619	3732	3845	3958	4072
14	4002	4156	4310	4464	4618	4772	4926	5080	5234	5388	5542

续表

公称直径 (mm)	不同根数钢筋的计算截面面积 (mm²)									
	26	27	28	29	30	31	32	33	34	35	36
16	5228	5429	5630	5831	6032	6233	6434	6635	6836	7037	7238
18	6616	6871	7125	7380	7634	7889	8143	8397	8652	8906	9161
20	8168	8482	8796	9111	9425	9739	10053	10367	10681	10996	11310
22	9883	10264	10644	11024	11404	11784	12164	12544	12925	13305	13685
25	12763	13254	13744	14235	14726	15217	15708	16199	16690	17181	17671
28	16010	16625	17241	17857	18473	19088	19704	20320	20936	21551	22167
32	20910	21715	22519	23323	24127	24932	25736	26540	27344	28149	28953
36	26465	27483	28501	29518	30536	31554	32572	33590	34608	35626	36644
40	32673	33929	35186	36442	37699	38956	40212	41469	42726	43982	45239

钢筋理论重量　　　　　　　　附表 3-5

公称直径 (mm)	6	8	10	12	14	16	18	20
理论重量 (kg/m)	0.222	0.395	0.617	0.888	1.208	1.578	1.998	2.466
公称直径 (mm)	22	25	28	30	32	36	40	50
理论重量 (kg/m)	2.984	3.853	4.834	5.549	6.313	7.990	9.865	15.41

附录 4 桩基础设计参数

桩基础设计参数见附表 4-1～附表 4-6。

桩的极限侧阻力标准值 q_{sik} （kPa）　　　附表 4-1

土的名称	土的状态		混凝土预制桩	泥浆护壁钻（冲）孔桩	干作业钻孔桩
填土	—		22～30	20～28	20～28
淤泥	—		14～20	12～18	12～18
淤泥质土	—		22～30	20～28	20～28
粘性土	流塑	$I_L > 1$	24～40	21～38	21～38
	软塑	$0.75 < I_L \leq 1$	40～55	38～53	38～53
	可塑	$0.50 < I_L \leq 0.75$	55～70	53～68	53～66
	硬可塑	$0.25 < I_L \leq 0.50$	70～86	68～84	66～82
	硬塑	$0 < I_L \leq 0.25$	86～98	84～96	82～94
	坚硬	$I_L \leq 0$	98～105	96～102	94～104
红粘土	$0.7 < a_w \leq 1$		13～32	12～30	12～30
	$0.5 < a_w \leq 0.7$		32～74	30～70	30～70
粉土	稍密	$e > 0.9$	26～46	24～42	24～42
	中密	$0.75 \leq e \leq 0.9$	46～66	42～62	42～62
	密实	$e < 0.75$	66～88	62～82	62～82
粉细砂	稍密	$10 < N \leq 15$	24～48	22～46	22～46
	中密	$15 < N \leq 30$	48～66	46～64	46～64
	密实	$N > 30$	66～88	64～86	64～86
中砂	中密	$15 < N \leq 30$	54～74	53～72	53～72
	密实	$N > 30$	74～95	72～94	72～94

续表

土的名称	土的状态		混凝土预制桩	泥浆护壁钻（冲）孔桩	干作业钻孔桩
粗砂	中密 密实	$15 < N \leq 30$ $N > 30$	74~95 95~116	74~95 95~116	76~98 98~120
砾砂	稍密 中密（密实）	$5 < N \leq 15$ $N > 15$	70~110 116~138	50~90 116~130	60~100 112~130
圆砾、角砾	中密、密实	$N_{63.5} > 10$	160~200	135~150	135~150
碎石、卵石	中密、密实	$N_{63.5} > 10$	200~300	140~170	150~170
全风化软质岩	—	$30 < N \leq 50$	100~120	80~100	80~100
全风化硬质岩	—	$30 < N \leq 50$	140~160	120~140	120~150
强风化软质岩	—	$N_{63.5} > 10$	160~240	140~200	140~220
强风化硬质岩	—	$N_{63.5} > 10$	220~300	160~240	160~260

注：1. 对于尚未完成自重固结的填土和以生活垃圾为主的杂填土，不计算其侧阻力。
2. a_w 为含水比，$a_w = w/w_l$，w 为土的天然含水量，w_l 为土的液限。
3. N 为标准贯入击数，$N_{63.5}$ 为重型圆锥动力触探击数。
4. 全风化、强风化软质岩和全风化、强风化硬质岩系指其母岩分别为 $f_{rk} \leq 15\text{MPa}$、$f_{rk} > 30\text{MPa}$ 的岩石。

混凝土预制桩的极限端阻力标准值 q_{pk} (kPa)　　附表 4-2

土名称	土的状态		桩长 l (m)			
			$l \leq 9$	$9 < l \leq 16$	$16 < l \leq 30$	$l > 30$
粘性土	软塑	$0.75 < I_L \leq 1$	210~850	650~1400	1200~1800	1300~1900
	可塑	$0.50 < I_L \leq 0.75$	850~1700	1400~2200	1900~2800	2300~3600
	硬可塑	$0.25 < I_L \leq 0.50$	1500~2300	2300~3300	2700~3600	3600~4400
	硬塑	$0 < I_L \leq 0.25$	2500~3800	3800~5500	5500~6000	6000~6800
粉土	中密	$0.75 \leq e \leq 0.9$	950~1700	1400~2100	1900~2700	2500~3400
	密实	$e < 0.75$	1500~2600	2100~3000	2700~3600	3600~4400
粉砂	稍密	$10 < N \leq 15$	1000~1600	1500~2300	1900~2700	2100~3000
	中密、密实	$N > 15$	1400~2200	2100~3000	3000~4500	3800~5500
细砂	中密、密实	$N > 15$	2500~4000	3600~5000	4400~6000	5300~7000
中砂			4000~6000	5500~7000	6500~8000	7500~9000
粗砂			5700~7500	7500~8500	8500~10000	9500~11000
砾砂	中密、密实	$N > 15$	6000~9500		9000~10500	
角砾、圆砾		$N_{63.5} > 10$	7000~10000		9500~11500	
碎石、卵石		$N_{63.5} > 10$	8000~11000		10500~13000	
全风化软质岩		$30 < N \leq 50$	4000~6000			
全风化硬质岩		$30 < N \leq 50$	5000~8000			
强风化软质岩		$N_{63.5} > 10$	6000~9000			
强风化硬质岩		$N_{63.5} > 10$	7000~11000			

注：1. 砂土和碎石类土中桩的极限端阻力取值，宜综合考虑土的密实度，端桩进入持力层的深径比 h_b/d 愈大，土愈密实，h_b/d 愈大，取值愈高。
2. 预制桩的岩石极限端阻力指桩端支承于中、微风化基岩表面或进入强风化岩、软质岩一定深度条件下极限端阻力。
3. 全风化、强风化软质岩和全风化、强风化硬质岩指其母岩分别为 $f_{rk} \leq 15$MPa、$f_{rk} > 30$MPa 的岩石。

泥浆护壁钻（冲）孔桩的极限端阻力标准值 q_{pk} (kPa)

附表 4-3

土名称	土的状态		桩长 l (m)			
			$5 \leq l < 10$	$10 \leq l < 15$	$15 \leq l < 30$	$30 \leq l$
粘性土	软塑	$0.75 < I_L \leq 1$	150~250	250~300	300~450	300~450
	可塑	$0.50 < I_L \leq 0.75$	350~450	450~600	600~750	750~800
	硬可塑	$0.25 < I_L \leq 0.50$	800~900	900~1000	1000~1200	1200~1400
	硬塑	$0 < I_L \leq 0.25$	1100~1200	1200~1400	1400~1600	1600~1800
粉土	中密	$0.75 \leq e \leq 0.9$	300~500	500~650	650~750	750~850
	密实	$e < 0.75$	650~900	750~950	900~1100	1100~1200
粉砂	稍密	$10 < N \leq 15$	350~500	450~600	600~700	650~750
	中密、密实	$N > 15$	600~750	750~900	900~1100	1100~1200
细砂	中密、密实	$N > 15$	650~850	900~1200	1200~1500	1500~1800
中砂			850~1050	1100~1500	1500~1900	1900~2100
粗砂			1500~1800	2100~2400	2400~2600	2600~2800
砾砂	中密、密实	$N > 15$	1400~2000		2000~3200	
角砾、圆砾		$N_{63.5} > 10$	1800~2200		2200~3600	
碎石、卵石		$N_{63.5} > 10$	2000~3000		3000~4000	
全风化软质岩		$30 < N \leq 50$	1000~1600			
全风化硬质岩		$30 < N \leq 50$	1200~2000			
强风化软质岩		$N_{63.5} > 10$	1400~2200			
强风化硬质岩		$N_{63.5} > 10$	1800~2800			

注：同附表 4-2 注。

干作业钻孔桩的极限端阻力标准值 q_{pk} (kPa)　　附表 4-4

土名称	土的状态		桩长 l (m)		
			$5 \leq l < 10$	$10 \leq l < 15$	$15 \leq l$
粘性土	软塑	$0.75 < I_L \leq 1$	200~400	400~700	700~950
	可塑	$0.50 < I_L \leq 0.75$	500~700	800~1100	1000~1600
	硬可塑	$0.25 < I_L \leq 0.50$	850~1100	1500~1700	1700~1900
	硬塑	$0 < I_L \leq 0.25$	1600~1800	2200~2400	2600~2800
粉土	中密	$0.75 \leq e \leq 0.9$	800~1200	1200~1400	1400~1600
	密实	$e < 0.75$	1200~1700	1400~1900	1600~2100
粉砂	稍密	$10 < N \leq 15$	500~950	1300~1600	1500~1700
	中密、密实	$N > 15$	900~1000	1700~1900	1700~1900
细砂	中密、密实	$N > 15$	1200~1600	2000~2400	2400~2700
中砂			1800~2400	2800~3800	3600~4400
粗砂			2900~3600	4000~4600	4600~5200
砾砂	中密、密实	$N > 15$	3500~5000		
角砾、圆砾		$N_{63.5} > 10$	4000~5500		
碎石、卵石		$N_{63.5} > 10$	4500~6500		
全风化软质岩		$30 < N \leq 50$	1200~2000		
全风化硬质岩		$30 < N \leq 50$	1400~2400		
强风化软质岩		$N_{63.5} > 10$	1600~2600		
强风化硬质岩		$N_{63.5} > 10$	2000~3000		

注：同附表 4-2 注。

预应力混凝土管桩的配筋和桩身竖向承载力设计值

附表 4-5

品种	外径 d (mm)	壁厚 t (mm)	单节桩长 (m)	混凝土强度等级	型号	预应力钢筋	螺旋筋规格	桩身竖向承载力设计值 R_p (kN)	理论质量 (kg/m)
预应力高强混凝土管桩 (PHC)	300	70	≤11	C80	A	6Φ7.1	$\Phi^b 4$	1410	131
					AB	6Φ9.0			
					B	8Φ9.0			
					C	8Φ10.7			
	400	95	≤12	C80	A	10Φ7.1	$\Phi^b 4$	2550	249
					AB	10Φ9.0			
					B	12Φ9.0			
					C	12Φ10.7			
	500	100	≤15	C80	A	10Φ9.0	$\Phi^b 5$	3570	327
					AB	10Φ10.7			
					B	13Φ10.7			
					C	13Φ12.6			
	500	125	≤15	C80	A	10Φ9.0	$\Phi^b 5$	4190	368
					AB	10Φ10.7			
					B	13Φ10.7			
					C	13Φ12.6			
	550	100	≤15	C80	A	11Φ9.0	$\Phi^b 5$	4020	368
					AB	11Φ10.7			
					B	15Φ10.7			
					C	15Φ12.6			
	550	125	≤15	C80	A	11Φ9.0	$\Phi^b 5$	4700	434
					AB	11Φ10.7			
					B	15Φ10.7			
					C	15Φ12.6			

续表

品种	外径 d (mm)	壁厚 t (mm)	单节桩长 (m)	混凝土强度等级	型号	预应力钢筋	螺旋筋规格	桩身竖向承载力设计值 R_p (kN)	理论质量 (kg/m)
预应力高强混凝土管桩（PHC）	600	110	≤15	C80	A	13Φ9.0	$\Phi^b 5$	4810	440
					AB	13Φ10.7			
					B	17Φ10.7			
					C	17Φ12.6			
	600	130	≤15	C80	A	13Φ9.0	$\Phi^b 5$	5440	499
					AB	13Φ10.7			
					B	17Φ10.7			
					C	17Φ12.6			
	800	110	≤15	C80	A	15Φ10.7	$\Phi^b 6$	6800	620
					AB	15Φ12.6			
					B	22Φ12.6			
					C	27Φ12.6			
	1000	130	≤15	C80	A	22Φ10.7	$\Phi^b 6$	10080	924
					AB	22Φ12.6			
					B	30Φ12.6			
					C	40Φ12.6			
预应力混凝土管桩（PC）	300	70	≤11	C60	A	6Φ7.1	$\Phi^b 4$	1070	131
					AB	6Φ9.0			
					B	8Φ9.0			
					C	8Φ10.7			
	400	95	≤12	C60	A	10Φ7.1	$\Phi^b 4$	1980	249
					AB	10Φ9.0			
					B	13Φ9.0			
					C	13Φ10.7			

续表

品种	外径 d (mm)	壁厚 t (mm)	单节桩长 (m)	混凝土强度等级	型号	预应力钢筋	螺旋筋规格	桩身竖向承载力设计值 R_p (kN)	理论质量 (kg/m)
预应力混凝土管桩（PC）	500	100	≤15	C60	A	10Φ9.0	$Φ^b5$	2720	327
					AB	10Φ10.7			
					B	14Φ10.7			
					C	14Φ12.6			
	550	100	≤15	C60	A	11Φ9.0	$Φ^b5$	3060	368
					AB	11Φ10.7			
					B	15Φ10.7			
					C	15Φ12.6			
	600	110	≤15	C60	A	13Φ9.0	$Φ^b5$	3680	440
					AB	13Φ10.7			
					B	18Φ10.7			
					C	18Φ12.6			

预应力混凝土空心方桩的配筋和桩身竖向承载力设计值　　附表 4-6

品种	边长 b (mm)	内径 d_l (mm)	单节桩长 (m)	混凝土强度等级	预应力钢筋	螺旋筋规格	桩身竖向承载力设计值 R_p (kN)	理论质量 (kg/m)
预应力高强混凝土空心方桩 (PHS)	300	160	≤12	C80	8Φ^D7.1	Φ^b4	1880	185
					8Φ^D9.0	Φ^b4		
	350	190	≤12	C80	8Φ^D9.0	Φ^b4	2535	245
	400	250	≤14	C80	8Φ^D9.0	Φ^b4	2985	290
					8Φ^D10.7	Φ^b4		
	450	250	≤15	C80	12Φ^D9.0	Φ^b5	4130	400
					12Φ^D10.7	Φ^b5		
					12Φ^D12.6	Φ^b5		
	500	300	≤15	C80	12Φ^D9.0	Φ^b5	4830	470
					12Φ^D10.7	Φ^b5		
					12Φ^D12.6	Φ^b5		
	550	350	≤15	C80	16Φ^D9.0	Φ^b5	5550	535
					16Φ^D10.7	Φ^b5		
					16Φ^D12.6	Φ^b5		
	600	380	≤15	C80	20Φ^D9.0	Φ^b5	6640	645
					20Φ^D10.7	Φ^b5		
					20Φ^D12.6	Φ^b5		
预应力混凝土空心方桩 (PHS)	300	160	≤12	C60	8Φ^D7.1	Φ^b4	1440	185
					8Φ^D9.0	Φ^b4		
	350	190	≤12	C60	8Φ^D9.0	Φ^b4	1940	245
	400	250	≤14	C60	8Φ^D9.0	Φ^b4	2285	290
					8Φ^D10.7	Φ^b4		
	450	250	≤15	C60	12Φ^D9.0	Φ^b5	3160	400
					12Φ^D10.7	Φ^b5		
					12Φ^D12.6	Φ^b5		

续表

品种	边长 b (mm)	内径 d_l (mm)	单节桩长 (m)	混凝土强度等级	预应力钢筋	螺旋筋规格	桩身竖向承载力设计值 R_p (kN)	理论质量 (kg/m)
预应力混凝土空心方桩（PHS）	500	300	≤15	C60	12Φ^{D}9.0	Φ^{b}5	3700	470
					12Φ^{D}10.7	Φ^{b}5		
					12Φ^{D}12.6	Φ^{b}5		
	550	350	≤15	C60	16Φ^{D}9.0	Φ^{b}5	4250	535
					16Φ^{D}10.7	Φ^{b}5		
					16Φ^{D}12.6	Φ^{b}5		
	600	380	≤15	C60	20Φ^{D}9.0	Φ^{b}5	5085	645
					20Φ^{D}10.7	Φ^{b}5		
					20Φ^{D}12.6	Φ^{b}5		

附录5 钢结构设计指标及轴心受压构件稳定系数

钢结构设计指标及轴心受压构件稳定系数见附表5-1~附表5-11。

钢材的强度设计值（N/mm²）　　　附表5-1

钢材牌号	厚度或直径 (mm)	抗拉、抗压和抗弯 f	抗剪 f_v	端面承压（刨平顶紧）f_{ce}
Q235钢	≤16	215	125	325
	>16~40	205	120	
	>40~60	200	115	
	>60~100	190	110	
Q345钢	≤16	310	180	400
	>16~35	295	170	
	>35~50	265	155	
	>50~100	250	145	
Q390钢	≤16	350	205	415
	>16~35	335	190	
	>35~50	315	180	
	>50~100	295	170	
Q420钢	≤16	380	220	440
	>16~35	360	210	
	>35~50	340	195	
	>50~100	325	185	

注：表中厚度系指计算点的钢材厚度，对轴心受拉和轴心受压构件系指截面中较厚板件的厚度。

焊缝的强度设计值（N/mm²） 附表 5-2

焊接方法和焊条型号	构件钢材 牌号	构件钢材 厚度或直径（mm）	对接焊缝 抗压 f_c^w	对接焊缝 焊缝质量为下列等级时，抗拉 f_t^w 一级、二级	对接焊缝 焊缝质量为下列等级时，抗拉 f_t^w 三级	对接焊缝 抗剪 f_v^w	角焊缝 抗拉、抗压和抗剪 f_f^w
自动焊、半自动焊和 E43 型焊条的手工焊	Q235 钢	≤16	215	215	185	125	160
		>16～40	205	205	175	120	
		>40～60	200	200	170	115	
		>60～100	190	190	160	110	
自动焊、半自动焊和 E50 型焊条的手工焊	Q345 钢	≤16	310	310	265	180	200
		>16～35	295	295	250	170	
		>35～50	265	265	225	155	
		>50～100	250	250	210	145	
自动焊、半自动焊和 E55 型焊条的手工焊	Q390 钢	≤16	350	350	300	205	220
		>16～35	335	335	285	190	
		>35～50	315	315	270	180	
		>50～100	295	295	250	170	
	Q420 钢	≤16	380	380	320	220	220
		>16～35	360	360	305	210	
		>35～50	340	340	290	195	
		>50～100	325	325	275	185	

注：1. 自动焊和半自动焊所采用的焊丝和焊剂，应保证其熔敷金属的力学性能不低于现行国家标准《埋弧焊用碳钢焊丝和焊剂》GB/T 5293 和《低合金钢埋弧焊用焊剂》GB/T 12470 中相关的规定。

2. 焊缝质量等级应符合现行国家标准《钢结构工程施工质量验收规范》GB 50205 的规定。其中厚度小于 8mm 钢材的对接焊缝，不应采用超声波探伤确定焊缝质量等级。

3. 对接焊缝在受压区的抗弯强度设计值取 f_c^w，在受拉区的抗弯强度设计值取 f_t^w。

4. 表中厚度系指计算点的钢材厚度，对轴心受拉和轴心受压构件系指截面中较厚板件的厚度。

螺栓连接的强度设计值（N/mm²）　　附表 5-3

螺栓的性能等级、锚栓和构件钢材的牌号		普通螺栓						锚栓	承压型连接高强度螺栓		
		C 级螺栓			A 级、B 级螺栓						
		抗拉 f_t^b	抗剪 f_v^b	承压 f_c^b	抗拉 f_t^b	抗剪 f_v^b	承压 f_c^b	抗拉 f_t^a	抗拉 f_t^b	抗剪 f_v^b	承压 f_c^b
普通螺栓	4.6 级、4.8 级	170	140	—	—	—	—	—	—	—	—
	5.6 级	—	—	—	210	190	—	—	—	—	—
	8.8 级	—	—	—	400	320	—	—	—	—	—
锚栓	Q235 钢	—	—	—	—	—	—	140	—	—	—
	Q345 钢	—	—	—	—	—	—	180	—	—	—
承压型连接高强度螺栓	8.8 级	—	—	—	—	—	—	—	400	250	—
	10.9 级	—	—	—	—	—	—	—	500	310	—
构件	Q235 钢	—	—	305	—	—	405	—	—	—	470
	Q345 钢	—	—	385	—	—	510	—	—	—	590
	Q390 钢	—	—	400	—	—	530	—	—	—	615
	Q420 钢	—	—	425	—	—	560	—	—	—	655

注：1. A 级螺栓用于 $d \leqslant 24mm$ 和 $l \leqslant 10d$ 或 $l \leqslant 150mm$（按较小值）的螺栓；B 级螺栓用于 $d > 24mm$ 或 $l > 10d$ 或 $l > 150mm$（按较小值）的螺栓。d 为公称直径，l 为螺杆公称长度。

2. A、B 级螺栓孔的精度和孔壁表面粗糙度，C 级螺栓孔的允许偏差和孔壁表面粗糙度，均应符合现行国家标准《钢结构工程施工质量验收规范》GB 50205 的要求。

钢材和钢铸件的物理性能指标　　附表 5-4

弹性模量 E (N/mm²)	剪变模量 G (N/mm²)	线膨胀系数 α (以每℃计)	质量密度 ρ (kg/m³)
206×10^3	79×10^3	12×10^{-6}	7850

轴心受压构件的截面分类（板厚 $t<40\mathrm{mm}$） 附表 5-5

截面形式	对 x 轴	对 y 轴
轧制（圆形截面）	a 类	a 类
轧制工字形，$b/h \leqslant 0.8$	a 类	b 类
轧制，$b/h>0.8$；焊接，翼缘为焰切边；焊接（圆管）	b 类	b 类
轧制（T形、工字形、十字形等）；轧制等边角钢	b 类	b 类
轧制，焊接（板件宽厚比>20）；焊接（工字形、十字形）	b 类	b 类
格构式；焊接，板件边缘焰切	b 类	b 类

续表

截面形式	对x轴	对y轴
焊接，翼缘为轧制或剪切边	b类	c类
焊接，板件边缘轧制或剪切	c类	c类
焊接，板件宽厚比≤20	c类	c类

轴心受压构件的截面分类（板厚 $t \geqslant 40\mathrm{mm}$）　附表 5-6

截面形式		对x轴	对y轴
轧制工字形或H形截面	$t < 80\mathrm{mm}$	b类	c类
	$t \geqslant 80\mathrm{mm}$	c类	d类
焊接工字形截面	翼缘为焰切边	b类	b类
	翼缘为轧制或剪切边	c类	d类
焊接箱形截面	板件宽厚比>20	b类	b类
	板件宽厚比≤20	c类	c类

a类截面轴心受压构件的稳定系数 φ　　　附表 5-7

$\lambda\sqrt{\dfrac{f_y}{235}}$	0	1	2	3	4	5	6	7	8	9
0	1.000	1.000	1.000	1.000	0.999	0.999	0.998	0.998	0.997	0.996
10	0.995	0.994	0.993	0.992	0.991	0.989	0.988	0.986	0.985	0.983
20	0.981	0.979	0.977	0.976	0.974	0.972	0.970	0.968	0.966	0.964
30	0.963	0.961	0.959	0.957	0.955	0.952	0.950	0.948	0.946	0.944
40	0.941	0.939	0.937	0.934	0.932	0.929	0.927	0.924	0.921	0.919
50	0.916	0.913	0.910	0.907	0.904	0.900	0.897	0.894	0.890	0.886
60	0.883	0.879	0.875	0.871	0.867	0.863	0.858	0.854	0.849	0.844
70	0.839	0.834	0.829	0.824	0.818	0.813	0.807	0.801	0.795	0.789
80	0.783	0.776	0.770	0.763	0.757	0.750	0.743	0.736	0.728	0.721
90	0.714	0.706	0.699	0.691	0.684	0.676	0.668	0.661	0.653	0.645
100	0.638	0.630	0.622	0.615	0.607	0.600	0.592	0.585	0.577	0.570
110	0.563	0.555	0.548	0.541	0.534	0.527	0.520	0.514	0.507	0.500
120	0.494	0.488	0.481	0.475	0.469	0.463	0.457	0.451	0.445	0.440
130	0.434	0.429	0.423	0.418	0.412	0.407	0.402	0.397	0.392	0.387
140	0.383	0.378	0.373	0.369	0.364	0.360	0.356	0.351	0.347	0.343
150	0.339	0.335	0.331	0.327	0.323	0.320	0.316	0.312	0.309	0.305
160	0.302	0.298	0.295	0.292	0.289	0.285	0.282	0.279	0.276	0.273
170	0.270	0.267	0.264	0.262	0.259	0.256	0.253	0.251	0.248	0.246
180	0.243	0.241	0.238	0.236	0.233	0.231	0.229	0.226	0.224	0.222
190	0.220	0.218	0.215	0.213	0.211	0.209	0.207	0.205	0.203	0.201
200	0.199	0.198	0.196	0.194	0.192	0.190	0.189	0.187	0.185	0.183
210	0.182	0.180	0.179	0.177	0.175	0.174	0.172	0.171	0.169	0.168
220	0.166	0.165	0.164	0.162	0.161	0.159	0.158	0.157	0.155	0.154
230	0.153	0.152	0.150	0.149	0.148	0.147	0.146	0.144	0.143	0.142
240	0.141	0.140	0.139	0.138	0.136	0.135	0.134	0.133	0.132	0.131
250	0.130	—	—	—	—	—	—	—	—	—

注：见附表 5-10 注。

b 类截面轴心受压构件的稳定系数 φ 附表 5-8

$\lambda\sqrt{\dfrac{f_y}{235}}$	0	1	2	3	4	5	6	7	8	9
0	1.000	1.000	1.000	0.999	0.999	0.998	0.997	0.996	0.995	0.994
10	0.992	0.991	0.989	0.987	0.985	0.983	0.981	0.978	0.976	0.973
20	0.970	0.967	0.963	0.960	0.957	0.953	0.950	0.946	0.943	0.939
30	0.936	0.932	0.929	0.925	0.922	0.918	0.914	0.910	0.906	0.903
40	0.899	0.895	0.891	0.887	0.882	0.878	0.874	0.870	0.865	0.861
50	0.856	0.852	0.847	0.842	0.838	0.833	0.828	0.823	0.818	0.813
60	0.807	0.802	0.797	0.791	0.786	0.780	0.774	0.769	0.763	0.757
70	0.751	0.745	0.739	0.732	0.726	0.720	0.714	0.707	0.701	0.694
80	0.688	0.681	0.675	0.668	0.661	0.655	0.648	0.641	0.635	0.628
90	0.621	0.614	0.608	0.601	0.594	0.588	0.581	0.575	0.568	0.561
100	0.555	0.549	0.542	0.536	0.529	0.523	0.517	0.511	0.505	0.499
110	0.493	0.487	0.481	0.475	0.470	0.464	0.458	0.453	0.447	0.442
120	0.437	0.432	0.426	0.421	0.416	0.411	0.406	0.402	0.397	0.392
130	0.387	0.383	0.378	0.374	0.370	0.365	0.361	0.357	0.353	0.349
140	0.345	0.341	0.337	0.333	0.329	0.326	0.322	0.318	0.315	0.311
150	0.308	0.304	0.301	0.298	0.295	0.291	0.288	0.285	0.282	0.279
160	0.276	0.273	0.270	0.267	0.265	0.262	0.259	0.256	0.254	0.251
170	0.249	0.246	0.244	0.241	0.239	0.236	0.234	0.232	0.229	0.227
180	0.225	0.223	0.220	0.218	0.216	0.214	0.212	0.210	0.208	0.206
190	0.204	0.202	0.200	0.198	0.197	0.195	0.193	0.191	0.190	0.188
200	0.186	0.184	0.183	0.181	0.180	0.178	0.176	0.175	0.173	0.172
210	0.170	0.169	0.167	0.166	0.165	0.163	0.162	0.160	0.159	0.158
220	0.156	0.155	0.154	0.153	0.151	0.150	0.149	0.148	0.146	0.145
230	0.144	0.143	0.142	0.141	0.140	0.138	0.137	0.136	0.135	0.134
240	0.133	0.132	0.131	0.130	0.129	0.128	0.127	0.126	0.125	0.124
250	0.123	—	—	—	—	—	—	—	—	—

注：见附表 5-10 注。

c 类截面轴心受压构件的稳定系数 φ

附表 5-9

$\lambda\sqrt{\dfrac{f_y}{235}}$	0	1	2	3	4	5	6	7	8	9
0	1.000	1.000	1.000	0.999	0.999	0.998	0.997	0.996	0.995	0.993
10	0.992	0.990	0.988	0.986	0.983	0.981	0.978	0.976	0.973	0.970
20	0.966	0.959	0.953	0.947	0.940	0.934	0.928	0.921	0.915	0.909
30	0.902	0.896	0.890	0.884	0.877	0.871	0.865	0.858	0.852	0.846
40	0.839	0.833	0.826	0.820	0.814	0.807	0.801	0.794	0.788	0.781
50	0.775	0.768	0.762	0.755	0.748	0.742	0.735	0.729	0.722	0.715
60	0.709	0.702	0.695	0.689	0.682	0.676	0.669	0.662	0.656	0.649
70	0.643	0.636	0.629	0.623	0.616	0.610	0.604	0.597	0.591	0.584
80	0.578	0.572	0.566	0.559	0.553	0.547	0.541	0.535	0.529	0.523
90	0.517	0.511	0.505	0.500	0.494	0.488	0.483	0.477	0.472	0.467
100	0.463	0.458	0.454	0.449	0.445	0.441	0.436	0.432	0.428	0.423
110	0.419	0.415	0.411	0.407	0.403	0.399	0.395	0.391	0.387	0.383
120	0.379	0.375	0.371	0.367	0.364	0.360	0.356	0.353	0.349	0.346
130	0.342	0.339	0.335	0.332	0.328	0.325	0.322	0.319	0.315	0.312
140	0.309	0.306	0.303	0.300	0.297	0.294	0.291	0.288	0.285	0.282
150	0.280	0.277	0.274	0.271	0.269	0.266	0.264	0.261	0.258	0.256
160	0.254	0.251	0.249	0.246	0.244	0.242	0.239	0.237	0.235	0.233
170	0.230	0.228	0.226	0.224	0.222	0.220	0.218	0.216	0.214	0.212
180	0.210	0.208	0.206	0.205	0.203	0.201	0.199	0.197	0.196	0.194
190	0.192	0.190	0.189	0.187	0.186	0.184	0.182	0.181	0.179	0.178
200	0.176	0.175	0.173	0.172	0.170	0.169	0.168	0.166	0.165	0.163
210	0.162	0.161	0.159	0.158	0.157	0.156	0.154	0.153	0.152	0.151
220	0.150	0.148	0.147	0.146	0.145	0.144	0.143	0.142	0.140	0.139
230	0.138	0.137	0.136	0.135	0.134	0.133	0.132	0.131	0.130	0.129
240	0.128	0.127	0.126	0.125	0.124	0.124	0.123	0.122	0.121	0.120
250	0.119	—	—	—	—	—	—	—	—	—

注：见附表 5-10 注。

d 类截面轴心受压构件的稳定系数 φ 　　附表 5-10

$\lambda\sqrt{\dfrac{f_y}{235}}$	0	1	2	3	4	5	6	7	8	9
0	1.000	1.000	0.999	0.999	0.998	0.996	0.994	0.992	0.990	0.987
10	0.984	0.981	0.978	0.974	0.969	0.965	0.960	0.955	0.949	0.944
20	0.937	0.927	0.918	0.909	0.900	0.891	0.883	0.874	0.865	0.857
30	0.848	0.840	0.831	0.823	0.815	0.807	0.799	0.790	0.782	0.774
40	0.766	0.759	0.751	0.743	0.735	0.728	0.720	0.712	0.705	0.697
50	0.690	0.683	0.675	0.668	0.661	0.654	0.646	0.639	0.632	0.625
60	0.618	0.612	0.605	0.598	0.591	0.585	0.578	0.572	0.565	0.559
70	0.552	0.546	0.540	0.534	0.528	0.522	0.516	0.510	0.504	0.498
80	0.493	0.487	0.481	0.476	0.470	0.465	0.460	0.454	0.449	0.444
90	0.439	0.434	0.429	0.424	0.419	0.414	0.410	0.405	0.401	0.397
100	0.394	0.390	0.387	0.383	0.380	0.376	0.373	0.370	0.366	0.363
110	0.359	0.356	0.353	0.350	0.346	0.343	0.340	0.337	0.334	0.331
120	0.328	0.325	0.322	0.319	0.316	0.313	0.310	0.307	0.304	0.301
130	0.299	0.296	0.293	0.290	0.288	0.285	0.282	0.280	0.277	0.275
140	0.272	0.270	0.267	0.265	0.262	0.260	0.258	0.255	0.253	0.251
150	0.248	0.246	0.244	0.242	0.240	0.237	0.235	0.233	0.231	0.229
160	0.227	0.225	0.223	0.221	0.219	0.217	0.215	0.213	0.212	0.210
170	0.208	0.206	0.204	0.203	0.201	0.199	0.197	0.196	0.194	0.192
180	0.191	0.189	0.188	0.186	0.184	0.183	0.181	0.180	0.178	0.177
190	0.176	0.174	0.173	0.171	0.170	0.168	0.167	0.166	0.164	0.163
200	0.162	—	—	—	—	—	—	—	—	—

注：1. 附表 5-7～附表 5-10 中的 φ 值系按下列公式算得：

当 $\lambda_n = \dfrac{\lambda}{\pi}\sqrt{f_y/E} \leq 0.215$ 时：$\varphi = 1 - \alpha_1 \lambda_n^2$

当 $\lambda_n > 0.215$ 时：$\varphi = \dfrac{1}{2\lambda_n^2}[(\alpha_2 + \alpha_3 \lambda_n + \lambda_n^2)$
$\qquad\qquad\qquad -\sqrt{(\alpha_2 + \alpha_3 \lambda_n + \lambda_n^2)^2 - 4\lambda_n^2}]$

表中，α_1、α_2、α_3 为系数，根据截面分类，按附表 5-11 采用。

2. 当构件中的 $\lambda\sqrt{f_y/235}$ 值超出附表 3-7～附表 3-10 的范围时，则 φ 值按注 1 所列的公式计算。

系数 a_1、a_2、a_3 附表 5-11

截面类别		a_1	a_2	a_3
a 类		0.41	0.986	0.152
b 类		0.65	0.965	0.300
c 类	$\lambda_n \leqslant 1.05$	0.73	0.906	0.595
	$\lambda_n > 1.05$		1.216	0.302
d 类	$\lambda_n \leqslant 1.05$	1.35	0.868	0.915
	$\lambda_n > 1.05$		1.375	0.432

参 考 文 献

[1] 中华人民共和国国家标准．塔式起重机安全规程[S]（GB 5144—2006）．北京:中国标准出版社,2006

[2] 中华人民共和国国家标准．塔式起重机[S]（GB/T 5031—2008）．北京:中国标准出版社,2008

[3] 中华人民共和国国家标准．建筑地基基础设计规范[S]（GB 50007—2002）．北京:中国建筑工业出版社,2002

[4] 中华人民共和国国家标准．建筑结构荷载规范[S]（GB 50009—2001）．北京:中国建筑工业出版社,2006

[5] 中华人民共和国国家标准．混凝土结构设计规范[S]（GB 50010—2002）．北京:中国建筑工业出版社,2002

[6] 中华人民共和国国家标准．钢结构设计规范[S]（GB 50017—2003）．北京:中国计划出版社,2003

[7] 中华人民共和国行业标准．施工现场临时用电安全技术规范[S]（JGJ 46—2005）．北京：中国建筑工业出版社,2005

[8] 中华人民共和国行业标准．建筑地基处理技术规范[S]（JGJ 79—2002）．北京:中国建筑工业出版社,2002

[9] 中华人民共和国行业标准．建筑桩基技术规范[S]（JGJ 94—2008）．北京:中国建筑工业出版社,2008

[10] 中华人民共和国行业标准．建筑施工塔式起重机安装、使用、拆卸安全技术规程[S]（JGJ 196—2010）．北京：中国建筑工业出版社,2010

[11] 中华人民共和国行业标准．塔式起重机混凝土基础工程技术规程[S]（JGJ/T 187—2009）．北京：中国建筑工业出版社,2010

[12] 刘佩衡．塔式起重机使用手册[M]．北京：机械工业出版社,2005

[13] 住房和城乡建设部工程质量安全监督司组织编写．塔式起重机司机[M]．北京：中国建筑工业出版社,2009

[14] 李帼昌等．钢结构设计原理[M]．北京：人民交通出版社,2007

[15] 严尊湘．从一起塔机折臂事故,看施工现场协调工作的必要性[J]．建筑安全,2007,8

[16] 严尊湘等. 塔机安装的前期工作 [J]. 建筑机械, 2007, 7
[17] 严尊湘. 塔式起重机基础载荷计算探讨 [J]. 建筑机械化, 2007, 2
[18] 严尊湘. 也谈塔式起重机方形基础的计算 [J]. 建筑机械, 2003, 7
[19] 严尊湘, 孙苏. JGJ/T 187—2009 标准中抗倾覆稳定性计算方法的商榷 [J]. 建筑机械化, 2010, 9
[20] 严尊湘, 孙苏. 塔式起重机梁板式基础的设计计算 [J]. 建筑机械, 2005, 10
[21] 严尊湘. 一种梁板式塔式起重机基础 [J]. 建筑机械化, 2007, 7
[22] 严超, 严尊湘. 用 Excel 程序设计计算塔式起重机基础 [J]. 建筑机械, 2000, 6